한국의 기후&문화 산책

한국의 기후&문화 산책

이승호

머리말

지구 온난화를 중심으로 하는 '기후변화'는 최근 30여 년 가까이 전 세계인 사이에 끊임없이 제기되는 쟁점이다. 매스미디어 속의 다양한 기사와 특집은 물론 광고와 일반인의 대화에서도 기후 이야기가 쉽게 거론된다. 그렇다면 우리는 한반도의 기후에 대하여 얼마나 알고 있을까? 기후를 전공하고 있는 사람으로서 그런 물음에 대한 답을 위하여 어떤 역할을 하였는지 자문하게 된다.

이 책은 그런 질문에 조금이나마 보탬이 되고자 시작하였다. 그러므로 이 책은 일반인을 위한 교양서이며, 책 속의 대부분 용어는 중·고등학교 교과서의 수준에서 크게 벗어나지 않으려 노력하였다.

책의 내용은 크게 넷으로 구성하였다. 제1부에서는 우리나라의 기후를 만드는 주요 인자에 대하여 설명하였다. 제2부에서는 우리나라의 계절의 변화를 상세하게 다루었으며 봄, 여름, 가을, 겨울과 더불어 장마철을 중요한 계절로 포함하였다. 제3부에서는 우리나라의 기후 특징을 기후 요소별로 살펴보았다. 다양한 기후 요소 가운데 기온, 강수량, 바람, 그리고 안개와 서리에 대하여 설명하였다. 제4부에서는 기후가 주민 생활에 미친 영향 중에서 바람과 눈, 무더위와 추위에 관한 것을 설명하였다.

기후를 설명하면서 사례와 사진을 많이 제시하려 하였다. 사례와 사진이 기후를 이해하기에 도움이 될 것이라 생각하였다. 사례의 대부분은 직접 경험한 것이다. 초등학교 시절부터 오늘날까지 겪은 것을 망라하다시피 하였다. 그러다 보니 독자에 따라서는 '이게 뭔 소리인가?' 하는 의문을 던질지도 모르겠다. 그럴 때는 초등학교 시절이 1960년대 중반 이후였음을 상기하면 도움이 될 것이다. 이 책에 프롤로그가 등장한 것도 그런 배경 때문이다.

사진도 대부분 직접 답사를 통하여 얻은 것이다. 책을 시작하면서 각 쪽마다 관련된 사진 한 장씩을 넣으려 하였다. 그러나 모든 현상마다 사진을 제시하기가 쉽지 않았다. 일부 사진은 지인들에게 구하였다. 늦장마기의 홍수 상황을 담은 귀중한 사진을 제공하여 주신 권혁재 교수께 깊은 감사를 드린다. 또한 안개 사진의 대부분은 호반의 도시 춘천에 사는 박창연 씨가 제공하였고, 제주 들불축제 사진은 같은 학교의 이준택 교수가 제공하였다. 역시 두 분께도 감사의 마음을 잊지 않고 있다. 일부 사진은 책 제목에 맞지 않게 외국의 것이 포함되었다. 내용 설명에 도움이 된다고 판단한 것이다.

원고를 처음 시작한 시기가 여름이었다. 계절을 겨울부터 생각하는 습관이 있어서 내용 전개에 어려움이 있었다. 그러다 보니 초고는 부드럽게 읽히는 맛이 떨어지는 느낌이었다. 그 원고를 이 정도로 바꾸게 된 데에는 주변 사람들의 도움이 컸다. 막 완성한 원고는 먼저 아내와 아이들이 읽었다. 그런 후에 필자의 기후연구실 살림살이를 맡고 있는 김선영 양이 주로 교정하여 주었다. 물론 김 양은 책에 등장하는 그림과 사진의 선정에도 많이 관여하였다. 구희성과 이은영도 도움을 주었다. 모두에게 감사의 뜻을 전한다. 지형에 대하여 도움을 준 강대균 박사에게도 감사한다.

혹시라도 책을 읽다가 사실과 다르거나 필자가 오해하고 있는 내용이 있다면 바로 꾸짖어 주길 부탁드린다. 몇 사람이 이 책을 읽게 될지 모르지만, 단 몇이라도 바른 사실을 알게 하는 것이 중요하다. 그런 오류를 꾸짖어 주고 충고해 주는 것이 부족함을 보완해 줄 것이다.

끝으로 필자의 책을 늘 예쁘게 꾸며 주는 (주)푸른길의 김선기 사장을 비롯한 임직원께 깊이 감사드린다.

2009년 3월

이 승 호

차례

머리말 4

프롤로그 : 기후에 대한 이야기를 시작하면서 11

01 기후는 왜 필요한가 15

기후 정보를 이용하면 유익하다 19

지금보다 더 더워진다면? 21

최근 잦아지는 혹독한 날씨는 왜? 25

기후 문제를 해결하기 위한 노력 28

기후란 무엇인가 30

1부 우리나라의 기후를 만드는 것들

02 중위도의 대륙 동안에 위치한다 34

왜 계절이 바뀔까 36

우리나라가 유라시아 대륙의 서쪽에 자리한다면? 38

계절의 변화는 우리에게 무엇을 남겼을까 43

03 태백산맥이 서해안에 있다면 50

산은 날씨에 어떤 영향을 미칠까 51

우리나라 주변이 바다가 아니었다면? 60

04 성질이 다른 공기 덩어리가 다가온다 66

시베리아 벌판의 공기가 우리나라로 다가오면? 68

오호츠크 해의 공기가 우리나라로 다가오면? 72

북태평양의 공기가 우리나라로 다가오면? 73

장맛비가 만들어지는 원리는? 76

Contents ▸▸▸

2부 겨울은 춥고 여름은 무더워야 제맛이다

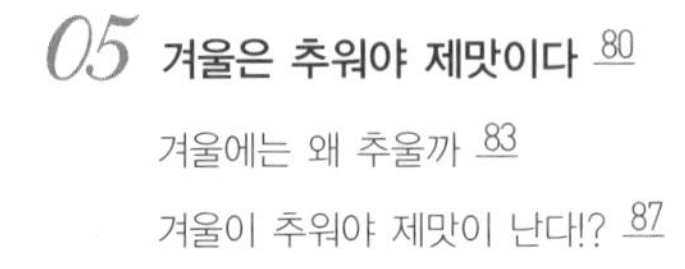

05 겨울은 추워야 제맛이다 80

겨울에는 왜 추울까 83

겨울이 추워야 제맛이 난다!? 87

06 봄이 되면 마음이 들뜬다 90

봄 날씨는 여자 마음 같다고!? 93

봄에는 왜 산불이 많을까 96

황사의 계절 99

늦은 봄인데도 영동지방은 선선하다 101

07 우리나라에 장마철이 없었다면 104

장맛비는 왜 남북으로 이동할까 107

장마 때는 보일러를 다시 켜게 된다 111

08 무더운 여름이 찾아왔다 114

여름은 왜 무더울까 118

여름철에는 왜 소나기가 많을까 123

09 가을에는 하늘이 높아진다 128

가을 하늘은 왜 높아만 갈까 131

우리의 단풍이 아름다운 까닭은? 135

3부 기온, 강수량, 바람, 그리고 안개와 서리

10 **지역 간 기온 차이가 크다** 144

우리나라의 기온은 비슷한 위도대에 비해 왜 낮을까 147

우리나라의 기온 분포에 가장 큰 영향을 준 것은? 150

우리나라에서 더운 곳과 추운 곳은? 157

11 **강수는 여름철에 집중된다** 160

우리나라는 왜 홍수와 가뭄이 잦을까 163

홍수와 가뭄을 이겨 낸 조상의 지혜 169

소나기는 쇠잔등을 가른다! 174

눈이 많이 내리는 곳은? 179

12 **계절마다 바람이 바뀐다** 186

바람은 역시 겨울바람이 매섭다 188

태풍은 가을의 전령사이다 195

살살 부는 바람에 가슴이 멍든다 202

살살 부는 높새가 땅을 말린다 207

섬을 알려거든 열흘만 갇혀 보아라 211

13 **안개와 서리는 국지적이다** 216

안개는 정말로 아름다운 현상일까 220

여자가 한을 품으면 오뉴월에도 서리가 내린다? 231

Contents

4부 기후를 극복한 조상들의 지혜

14 **바람이 강한 곳에서는 어떻게 살았을까** 240

제주도의 집은 나지막하다 243

서해안에는 까대기가 있다 253

15 **눈이 많은 곳에서는 어떻게 살았을까** 260

울릉도에는 우데기가 있다 263

영동지방에는 뜨럭이 있다 270

16 **더위와 추위는 어떻게 극복하였을까** 276

삼계탕과 김장의 지혜 280

무더위와 추위를 이기는 의복과 난방 289

■ 프롤로그 ■

기후에 대한 이야기를 시작하면서

나는 제주도의 작은 시골에서 태어나 성장하였다. 대학생이 되면서부터 고향을 떠나 있었지만 늘 마음 한구석에는 고향이 자리하였다. 우리나라의 기후 이야기를 시작하면서 웬 고향 타령인가 할 것이다. 하지만 그 고향이 있었기에 감히 지금의 글을 써 보겠다고 마음먹을 수 있었다. 만약 고향 마을이 컸더라면 기후에 대한 느낌이 지금과는 달랐을 것이다. 작은 고향 마을 덕에 내 머릿속에 떠오르는 어린 시절 이야기는 대부분 날씨와 관련이 있다.

고향 마을에 학교가 없었기에 이웃마을에 있는 학교까지 걸어서 다녀야 했다. 말이 이웃이지 정확하게 3km나 떨어져 있는 학교였으니 꽤나 먼 거리였다. 그 길을 걸으면서 멀리 태평양을 바라볼 수 있었던 것이 큰 행운이었다. 낮과 밤, 비가 내리고 햇볕이 내리쬠에 따라서 바뀌는 바다의 모습을 보며 날씨에 대하여 많은 생각을 갖게 되었다. 뜨거운 날에는 뜨거운 날대로, 추운 날에는 추운 날대로 날씨에 대한 생각을 만들어 갔다. 그런 6년 동안의 경험이 오늘날 '날씨' 에 대한 지식의 밑거름이 되었다.

간단한 예로, 길을 가다 학생들에게 '저기서 소나기가 다가온다' 고 하면 처음에는 모두 믿지 않는 표정이다. 소나기가 다가온 뒤에야 '그게 보이느냐' 고 묻는다. 고향에서의 생활이 소나기를 볼 수 있게 하였다. 사실 우리 고향 사람들이라면 누구나 소나기가 다가오는 것을 볼 수 있다. 작고, 날씨 변화가 잦은 고향이 남다른 눈 하나를 더 선물한 것이다.

학교가 바로 지척에 있었더라면 분명 그런 기회를 갖지 못하였을 것이다. 한겨울의 추위가 얼마나 혹독한 것인지, 한여름의 무더위가 얼마나 참기 힘든 것인지 몰랐을 것이다. 봄이 되면 안개가 자욱하게 낀 등굣길에 행여 귀신이라도 나오지 않을까 염려하다가 제주도의 안개를 새삼 깨닫기도 하였다. 학교가 멀리 떨어진 것이 얼마나 다행스러운 일이었는가.

학창 시절에 관한 추억은 누구나 가지고 있고, 웬만한 사람이라면 졸업식과 관련된 에피소드를 하나쯤은 지니고 있다. 하지만 나는 제주도의 겨울 날씨 때문에 그런 추억을 만들지 못하였다. 당시 서민들이 제주도를 벗어나는 방법은 통통배 수준을 겨우 벗어난 여객선뿐이었다. 때문에 바람이 거센 겨울에는 결항이 잦을 수밖에 없었다. 이는 손자의 대학 입시를 걱정하는 조부님의 조바심을 이끌어 내었고, 하루라도 빨리 시험을 치를 고장에 가 있으라는 독려로 이어졌다. 그 바람에 나는 시험을 치를 학교가 있는 서울에서 졸업식장의 모습을 상상하는 것으로 만족해야 했다. 친구들 중에도 그런 경우가 많았다.

나이가 들어서는 멀리 있는 고향 때문에 또 다른 날씨에 대한 경험이 쌓여갔다. 겨울 방학을 하고 고향을 찾을 때, 경비를 아끼려고 목포에 가서 배를 타려다 오히려 돈을 더 쓴 경우도 적지 않았다. 전국적으로 맑은 날임에도 호남지방에만 눈이 쏟아지는 경우가 흔하였다. 그 눈으로 버스가 늦어져 배를 놓치기도 하였고, 폭풍주의보가 내려져 배가 못 떠나 발이 묶이는 경우도 있었다. 그런 때면 별 도리 없이 목포항 주변 어느 여인숙에선가 기약 없는 불편한 밤을 보내야 했다. 점차 날씨의 중요성을 깨닫지 않을 수 없었다.

세월이 더 흘러 공군 기상장교 시절의 경험은 날씨와 기후에 대한 생각을 새롭게 다지게 하였다. 경험과 이론이 하나로 묶이기 시작한 시기였다. 그 무렵 나는 날씨에 대해 꽤나 아는 척하였다. 사실 날씨를 아는 것이 얼마나 어려운 일인데 그땐 왜 그랬을까, 부끄러움이 밀려온다. 그렇지만 한편으로 생각해 보면 그 행동이 날씨와 기후를 이해하는 데 도움이 된 면도 적지 않다. 아는 척하기 때문에 잘못 알고 있는 것을 찾아낼 수 있었고, 그래서 바로잡아 가는 기회가 되기도 하였다.

처음 자동차를 갖게 되었던 때 역시 하나의 전기가 되었다. 자동차는 무엇보다 빠르게 많은 장소를 비교할 수 있게 해 주어 기후 연구에 도움을 주었다. 신속하게 이동하면서 우리나라처럼 복잡한 지형에서는 날씨의 변화가 얼마나 빠른지를 확인할 수 있었으며, 지금 있는 곳과 고개 너머의 기후가 어떻게 다른지를 쉽게 볼 수 있었다.

한때 기후를 전공하는 사람으로서 학생들에게 기후를 눈에 그리듯 보여줄 수 없음을 안타까워한 적이 있었다. 그런데 조금 알고 들여다보니 기후와 관련되지 않은 경관이 없었다. 자연이든 주민 생활이든 모든 피조물은 기후를 배경으로 함을 깨닫자 기후를 볼 수 없음을 안타까워했던 일이 부끄럽게 다가왔다. 그러면서 점차 답사에 흥미를 갖게 되었고 답사 횟수도 늘어 갔다. 남들은 갔던 곳을 왜 다시 가냐고 핀잔을 주기도 하지만 갈 때마다 새로운 것을 볼 수 있고 그 대부분이 기후와 관련된 경관이었기에 이미 나에게는 '한 번 가 본 곳'이란 없었다. 학교에서 '한국의 기후'라는 과목을 강의하게 된 것은 퍽 다행스러운 일이었다. 답사에서 보는 모든 것을 이야기할 수 있는 시간이 되었으니까 말이다.

답사는 눈으로 볼 수 있는 경관 외에도 새로운 연구의 아이디어를 제공하였다. 각 지역 간의 차이는 기후의 '무언가'를 떠올리게 하였다. 그러던 중 눈이 많이 내리는 곳의 가옥 조사가 답사에 대한 나의 흥미를 더욱 고조시켰고, 젊은 동조자가 늘면서 그것이 기회가 되어 정식 회원이 없는 '역마살'이란 클럽이 생기기도 하였다.

외국을 답사한 경험은 더 명확하게 우리의 기후를 볼 수 있게 하였다. 전혀 다른 기후 환경과 그와 관련된 문화경관을 보면서 우리의 기후를 다시 조명하게 되었고, 우리의 기후가 갖는 이점이 새삼스레 떠오르면서 언젠가부터 기후에 관한 이야기가 하고 싶어졌다. 사람들과 마주할 경우 그 사람의 흥미와는 관계없이 기후 이야기를 늘어놓는 경우가 잦아졌고, 낯선 지방 사람을 만나기라도 하면 그곳의 기후 이야기를 캐려고 노력하게 되었다.

이제는 이렇게 얻은 하나하나의 지식 조각을 많은 이에게 전하려고 한다. 이 책은 그러한 시도이다. 그렇지만 적어도 나에게는 직접 경험한 것을 능가하는 지식은 없는 것 같다. 결국 얻어들은 지식보다 직접 경험한 이야기가 이 책의 대부분을 차지하고 있다. 기후에 대한 직접적인 설명 이외의 이야기는 나의 어린 시절 이야기라 하여도 크게 다르지 않다. 과거를 다 드러내는 것 같아 조금은 부끄러움도 스며온다.

01
기후는 왜 필요한가

산업이 발달하고 소비가 늘면서 기후에 대한 의존도가 점차 커지고 있다. 우리가 '기후'에 관심을 갖는 것은 그것이 생활에 미치는 영향이 그만큼 막대하기 때문이다. 게다가 지구 온난화가 지속되면서 기후나 기상의 문제는 생존에 관한 문제로 다가온다. 사람들은 이제 단순히 개인의 이익을 위해서뿐만 아니라 장래 지구의 생존과 관련된 보다 큰 문제로서 기상과 기후에 관심을 가진다.

요즘에는 '기후'를 알아야 세상 살아가는 이야기를 하는 자리에 낄 수 있다. 그만큼 기후에 대한 일반인의 관심은 커졌다. 신문이나 TV에서도 기후와 관련된 내용이 자주 등장한다. 기후가 우리에게 가까이 다가와 있는 것이다. 무엇이 그렇게 기후에 대한 관심을 불러일으켰을까?

기후에 대한 관심이 집중된 계기는 무엇보다도 전 지구적으로 일어나고 있는 온난화이다. 과학적인 기기에 의하여 관측이 시작된 19세기 말 이래 1970년대 후반까지 기온의 상승과 하강은 반복되었다. 그러나 1980년대에 들어서면서부터 전 지구적으로 기온 상승이 꾸준하게 이어지고 있다. 이에 따라 최근 10년은 가장 더웠던 10년으로 기록되고 있으며 그중 1998년은 전구 평균기온 최고값을 기록하였고, 2003년과 2005년은 두 번째 극값을

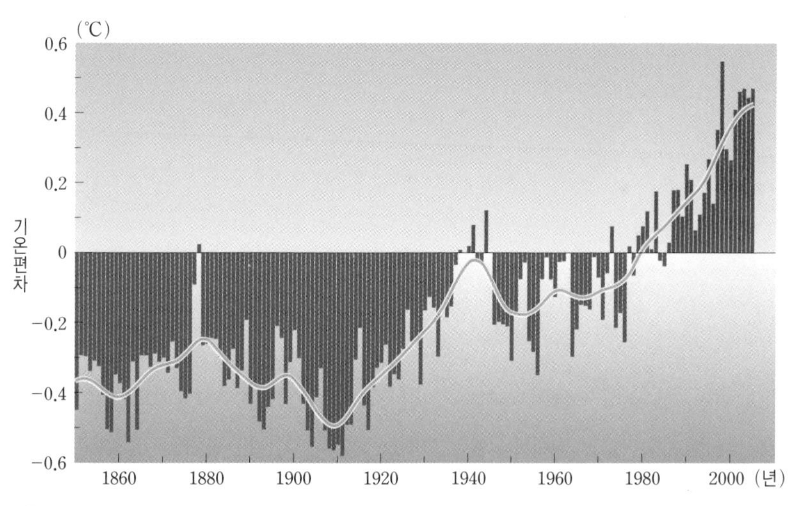

관측 시대의 전구 평균기온의 변화 기온 관측이 시작된 이래로 수차례 기온의 상승과 하강이 반복되었으나, 1980년대 이후부터는 꾸준하게 상승하고 있는 추세이다. 그래프는 1961~90년 평균에 대한 편차를 나타낸 것이다(자료 : 이스트앵글리아 대학 Climate Research Unit).

사라지는 알프스의 론 빙하 지구 온난화가 계속되면서 알프스의 빙하가 녹아내리고 있다는 뉴스가 전해지고 있다. 19세기에는 사진에서 보이는 지역 대부분이 빙하로 덮여 있었다(스위스 론 계곡, 1996. 8).

기록하였다.

최근 10여 년 동안에는 기후변화와 관련된 뉴스도 다양하였다. 2002년 여름에는 중부 유럽에서 최악의 홍수가 발생하여 100여 명 이상이 사망하였다. 그해 봄에는 이탈리아에서 알프스 빙하가 녹아내리면서 새로운 호수가 만들어졌다는 소식이 전해졌다. 또한 2001년에서 2002년으로 이어지는 겨울철은 미국에서 기상 관측 사상 가장 온난한 겨울로 기록되었다.

우리나라에서도 최근 다양한 기상 재해가 발생하였다. 2002년 여름에는 태풍 '루사'의 영향으로 강릉 지역에 하루 900mm 정도의 비가 쏟아졌다. 그 여파로 영동지방의 저수지와 도로가 붕괴되었고 막심한 재산과 인명 피

산간 지역의 호우 피해 과거에는 주로 하천의 하류 지역에서 호우 피해를 입었으나 최근에는 산간 지역에서도 큰 홍수 피해를 입고 있다(강원 평창, 2006. 8).

해가 발생하였다. 2007년 9월에는 태풍 '나리'가 제주도에 영향을 미쳐 거의 홍수 걱정을 하지 않고 살아오던 제주도민의 가슴에 물 폭탄을 안겼다. 2004년에는 3월에 폭설이 쏟아져 전국의 도로가 마비되는 일이 벌어졌고, 이듬해 12월에는 서해안 지역에 쏟아진 폭설로 가옥과 축사, 온실이 붕괴되는 등 막심한 피해를 초래하였다. 뿐만 아니라 산간 지역에서도 뜻하지 않은 시기에 큰 비가 쏟아져 많은 인명과 재산을 앗아가고 있다.

이러한 기상 재해는 그 양상도 과거와는 다른 모습이다. 그동안 태풍 피해는 주로 남동 해안에 집중되었고, 폭설 피해는 울릉도나 영동 산간에서 발생하였다. 호우 피해는 큰 하천 하류의 일로 여겨졌었다. 그러나 오늘날의 기상 재해는 지역을 특정 짓기 어려울 정도로 곳곳에서 다양한 형태로 나타난다.

이러다 보니 기후나 기상의 문제는 이제 생존에 관한 문제로 다가온다. 단순히 물건을 많이 팔아서 더 큰 이득을 남기기 위해서가 아니라 장래 지구의 생존과 관련된 보다 큰 문제로서 기상과 기후에 관심을 가지게 되었다.

기후 정보를 이용하면 유익하다

'기후'에 관심을 갖는 것은 그것이 생활에 미치는 영향이 크기 때문이다. 산업이 발달하고 소비가 늘면서 기후에 대한 의존도가 점차 커지고 있다. 과거에는 기후 정보 없이 이루어지던 일도 오늘날에는 기후 정보가 필요하다. 기후 정보를 활용하면 더 큰 이익을 볼 수 있다.

겨울철에 난방 기구나 옷을 거래하는 데도 기후 정보가 필요하다. 겨울 추위를 예상하고 미리 난방 기구를 다량으로 준비했는데 따뜻한 겨울이 되면 그 가게는 큰 낭패를 본다. 스키장에서 슬로프에 인공 눈을 뿌렸는데 그날 눈이라도 쏟아진다면 그만큼 경제적 손실을 입는다.

여름철에 음료나 아이스크림, 에어컨을 사고파는 데도 기후 정보가 중요하다. 무더위가 극성을 부렸던 어느 여름에 한 가전 대리점이 미리 기후 정보를 활용하여 다량의 에어컨을 준비하였다가 큰 이득을 남겼다고 한다. 물론 기후 정보를 소홀히 한 대리점은 땅을 치고 후회했을 것이다. 계절의 기후 특성을 광고에 활용하는 사례도 쉽게 볼 수 있다. '백 년 만의 무더위' 같은 그해의 기상 정보를 활용하여 가전제품의 판촉 활동을 벌이기도 한다.

이제 기후 정보는 단순한 정보 자체를 넘어 사업가에게 중요한 자산이 되었다. 이런 추세에 맞추어 우리나라에도 여러 개의 민간 예보업체가 등장하였다. 이들은 저마다 다양한 기후 정보와 매일매일의 기상 정보를 회원들에게 제공한다. 기상청도 과거와 같이 단순한 일기 예보의 차원을 벗어나서 다양한 산업과 관련된 날씨 정보를 월별과 주간별로 서비스하고 있으며 각종 생활 정보 지수를 개발하여 발표하고 있다. 최근에는 휴대전화를 이용한 날씨 정보 서비스도 이루어지고 있다. 소방방재청에서도 휴대전화로 기상 재해 정보를 사전에 제공한다.

농작물을 재배하고 생산성을 높이기 위해서도 기후 정보가 중요하다. 오늘날에는 과학적인 영농을 하는 웬만한 농장은 기상 관측 기기를 갖추고 있다. 답사 중에 알게 된 어느 과수원에서는 자동 기상 관측 장비를 이용하여

과수원에서의 기상 정보 활용 서리가 내리려고 할 때는 즉시 서리 방지 시스템을 가동한다. 서리 방지 시스템을 작동시키면 사진의 파이프에서 물이 분사되면서 서리가 내리는 것을 막아 준다(전남 나주, 2008. 2).

매시간 기상 요소 값을 관측하고, 서리 등 특정 기상 현상이 예상될 경우에는 해당 과수 작목반과 지자체의 농업기술센터로 기상 자료를 전송한다. 그 자료를 받은 작목반이나 관련 기관에서는 휴대전화를 이용하여 각 과수원의 농민들에게 전달하여 기상 재해 방지 시스템을 가동시킬 수 있도록 한다. 물론 기상청에서도 농업 기상 정보를 따로 제공하고 있다. 그 외에 농업 관련 기관에서도 다양한 기상 정보와 기후 자료를 제공한다.

크고 작은 야외 행사를 준비하는 데 있어서도 기후 정보가 중요하게 다루어진다. 대부분의 경우, 과거에는 기후 정보를 활용하지 않고 이루어졌다. 이제는 심지어 길거리에서 점을 보는 사람들이나 투전꾼들조차도 날씨의 영향을 받는다. 궂은 날씨에는 당연히 사람들이 모이지 않는다. 날씨와 기후를 알아야 사람 구실을 할 수 있는 세상이 된 것이다.

지금보다 더 더워진다면?

1980년대 초까지만 하여도 기후는 세인의 주목을 받지 못하였다. 당시 '기후'를 전공하게 된 데에도 우리나라에 관련 연구자가 적었던 것이 큰 몫을 했다. 석사 과정을 마치고 군 생활을 할 때, 부대로 출근하는 버스 안에 깜짝 놀랄 만한 뉴스가 전해지고 있었다. 기후변화에 관한 이야기였다. 어쩌면 그것이 라디오를 통해 들었던 최초의 기후 관련 소식이었을지 모른다. 1986년, 드디어 기후가 사람들에게 관심의 대상이 된 것이다. 우리나라에서도 '지구 온난화'가 서서히 시작되고 있었다.

분명 지구는 과거에 비하여 점점 더워지고 있다. 지역에 따라 차이가 크지만, 근대적인 기상 관측이 시작된 이래 전 지구적으로 평균기온이 1℃ 정도 상승하였다. 우리나라의 경우는 그보다 조금 더 큰 폭으로 상승하였다. 그런데 만약 오늘날과 같이 지속적으로 지구가 더워진다면, 도대체 어떻게 될까? 아마 그 자체만으로도 인류에게는 심각한 일일 것이다. 그러나 더 큰 문제는 지구가 계속 더워지면 문제가 단순히 기온 상승에만 그치지 않는다는 데 있다. 더워지는 지구는 또 다른 새로운 문제를 일으킨다.

지구 온난화는 저위도보다 고위도 지방에서 빠르게 진행되고 있다. 고위도 지방에는 빙하가 덮여 있다. 지구 온난화가 진행되면 이 빙하가 녹아내린다. 북극과 남극에서 빙하가 줄고 있다는 소식이 전해진 지 이미 오래다. 빙하가 녹아내린 물은 바다로 흘러 들어간다. 그러면 바닷물의 높이가 지금보다 높아질 것은 뻔하다. 그럴 경우, 바다 가까이 자리 잡은 지역에서는 상상을 초월하는 재앙을 맞게 된다. 빙하는 알프스 산맥 등 높은 산지에서도 사라지고 있다. 산지에서 녹아내린 빙하는 고스란히 해면을 높일 것이다.

동남아시아처럼 해발고도가 낮은 곳에 인구가 밀집된 지역에서는 조금만 비가 내려도 큰 홍수를 겪는다. 특히 삼각주나 하천 유역에 자리 잡은 곳에서는 홍수 피해를 자주 입는다. 그런 곳은 바닷물이 올라와 해일 피해를 당하는 경우도 적지 않다. 따라서 지구 온난화가 계속 진행된다면 이런 지역은 큰 위험에 처할 수 있다.

갠지스 강과 부라마푸트라 강 유역에 넓게 자리 잡은 방글라데시는 국토의 상당 부분이 해발고도 5m 이하로 낮아서 지금도 홍수 피해가 심한 지역이며, 지구 온난화의 영향을 가장 심각하게 받을 것으로 예상된다. 기후학자들에 의하면, 2100년의 해수면은 지금보다 2m 가까이 더 높아질 것이다. 그렇게 되면 방글라데시의 20% 정도는 바다 속으로 잠긴다. 이와 같은 일은

넓은 삼각주를 안고 있는 방글라데시 갠지스 강과 부라마푸트라 강 하구에 발달한 삼각주가 방글라데시의 넓은 면적을 차지한다. 붉은 선은 해발 2m를 나타낸다(위성영상 : NASA).

베트남, 캄보디아, 버마 등 동남아시아 대부분의 국가가 함께 처해 있는 상황이기도 하다.

해수면 상승은 그 지역 주민들의 생활 터전을 파괴하는 것은 물론 국가 기반마저도 흔들어 놓을 수 있다. 이미 오래전에 태평양의 산호초 섬에서 최초

서울과 가까운 곳에서 자라고 있는 대나무 최근 기온 상승으로 차령산맥 이남에서만 자라는 것으로 알려진 대나무가 서울과 그 가까운 곳에서도 쉽게 발견된다. 사진 왼편 뒤로 한강과 멀리 운길산 줄기가 보인다(경기 양평, 2008. 3).

의 '기후 난민'이 발생하였다는 소식이 전해졌다. 남태평양의 투발루라는 곳에서 산호초로 구성된 섬이 물속으로 사라지고 있다.

지구 온난화는 생태계에도 영향을 미친다. 이미 우리나라에서도 기후에 민감한 식생에서 변화가 나타나고 있다. 과거 차령산맥의 이남에서만 자란다고 알려진 대나무가 서울 한복판이나 그 가까운 지역에서도 어렵지 않게 발견된다. 아산과 태안반도 등지에서는 오래전부터 무성한 대나무 숲이 자리를 차지하고 있다. 고도가 높은 산지에서는 산지 특유의 식생이 멸종 위기에 처해 있다는 연구 결과도 속속 발표되고 있다. 이제 우리도 기후에 관심을 갖고 뭔가 대책을 마련해야 하는 시점에 서 있음이 분명하다.

최근 잦아지는 혹독한 날씨는 왜?

지구가 더워지면서 집중호우와 폭설, 폭풍, 가뭄 등 혹독한 날씨가 자주 발생하고 있다. 과거에는 강수량이 많지 않았던 지방이나 그런 시기에 갑자기 폭우가 쏟아져 종종 물난리를 겪는다. 평소에 눈이 내리지 않던 지역에서 폭설이 내려 온 동네가 고립되기도 하고, 폭염이 며칠째 계속되기도 한다. 그런가 하면 반대로 가뭄이 지나치게 오랫동안 지속되어 극심한 한발 피해를 입기도 한다.

우리나라에서도 과거와 달리 폭우나 폭설이 내리는 경우가 잦다. 하루에 수백mm의 비가 쏟아지는 것은 이제 흔한 일이 되고 있다. 어떤 지역에서는 일 년에도 몇 차례씩 폭우가 쏟아지면서 '엎친 데 덮친 격'의 홍수 피해가

폭설에 의한 피해 갑작스런 폭설로 마을이 고립될 뿐만 아니라 비닐하우스 등이 무너지는 피해를 입고 있다(전북 부안, 2006. 1).

늘기도 한다. 폭설이 내리지 않던 시기에 갑작스런 눈이 내려서 심각한 피해를 입는 경우도 발생한다. 과거에는 이런 현상이 아주 드물게 발생하였지만, 오늘날에는 거의 매년 반복적으로 발생하고 있다는 점에 심각성이 있다.

이와 같이 일상적으로 경험하기 어려웠던 날씨가 출현하는 것을 이상기상이라고 한다. 그렇다면 최근 들어 이상기상은 왜 빈번하게 일어나는 것일까? 대부분의 기후학자들은 지구 온난화 때문이라고 믿고 있다. 그런데 이런 날씨가 자주 반복되다 보면 머지않아 이상기상 축에도 못 끼는 날이 올지 모른다. 과거와 달리 기온이 상승하면서 전 지구적으로 기후 패턴이 바뀌고 있다. 게다가 지역마다 상승 폭이 다른 기온 변화는 지구 대기를 둘러싸고 기후를 조절하고 있는 대기대순환의 패턴을 바꾸어 놓을 수 있다. 대기대순환 패턴의 변화는 상상을 초월하는 기후변화를 초래한다. 그간 우리가 겪지

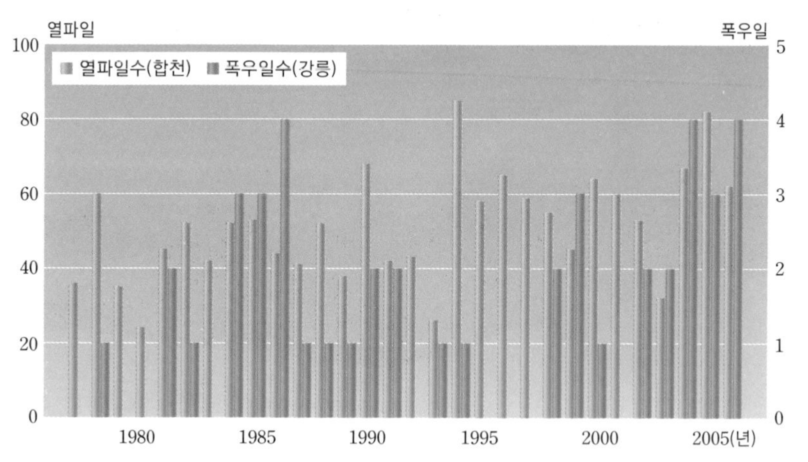

열파와 폭우 일수의 변화 최근 지구 온난화가 진행되면서 지역별로 이상기상의 출현 빈도가 급격하게 늘고 있다.

못했던 새로운 기후 패턴이 등장하게 되는 것이다. 머지않아 학교에서 새로운 기후를 공부해야 할지 모른다.

이미 우리는 적도 부근의 태평양 수온이 1℃ 정도만 상승하여도 전 세계가 긴장하고 그 영향을 주시해야 하는 상황을 수차례 겪고 있다. 엘니뇨가

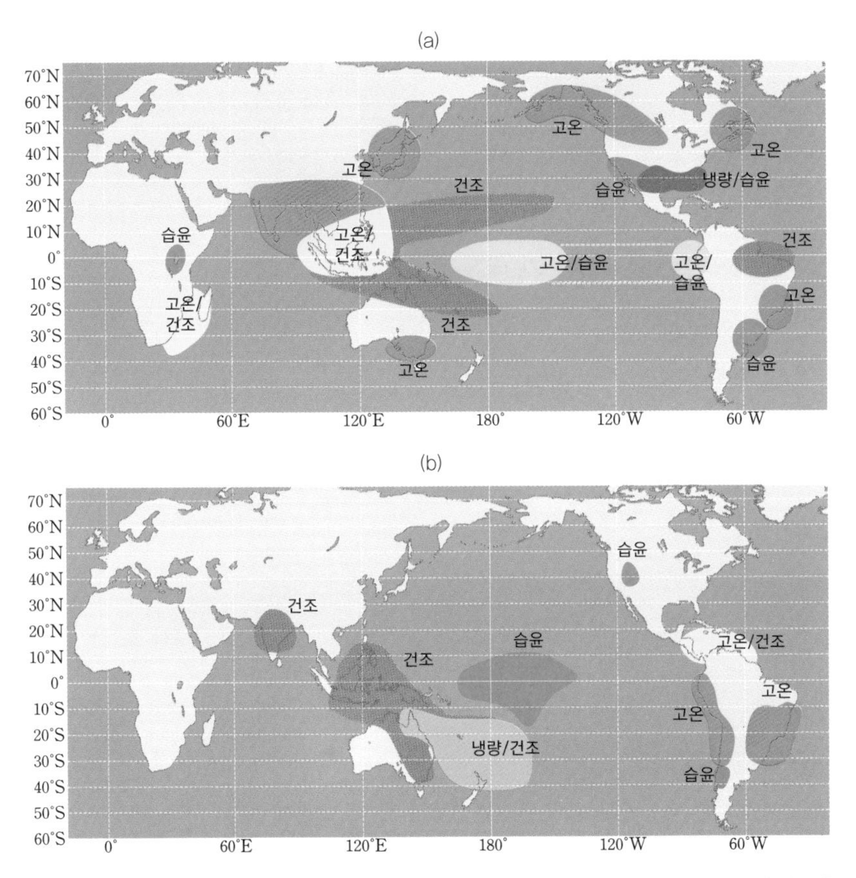

엘니뇨가 발생하였을 때 각 지역별 이상기후의 특성 (a)는 겨울철이고 (b)는 여름철을 나타낸다(자료 출처 : NOAA/CPC(Climate Prediction Center)).

발생하였을 때 지역마다 기후에 대한 반응이 다양하여, 그 영향을 예측하는 것이 쉽지 않다. 이러한 까닭으로 우리나라의 기상청에서도 우리와는 먼 적도 부근 태평양 상에서 벌어지는 엘니뇨를 예보하는 세상에 와 있다. 엘니뇨가 우리나라의 기후에 다양한 영향을 미친다는 연구 결과도 이어지고 있다.

기후 문제를 해결하기 위한 노력

기후 연구자들에 의하면 '지구 온난화'는 인류의 문명에 의해서 발생한 것이다. 특히 최근 산업화가 진행되면서 그에 따라 필연적으로 대기 중에 배출되는 여러 가지의 온실기체가 그 원인이다. 그중에서도 화석연료를 연소할 때 방출되는 이산화탄소가 대표적이다. 그동안 인류가 복지 추구라는 미명 아래 자신의 무덤을 파 온 셈이다. 그것도 오랫동안 지속적으로.

오늘날에는 지구 온난화를 완화시키려는 노력과 그런 변화에 적응하기 위한 노력이 정부와 관련 학자들에 의해서 이루어지고 있다. 심지어 이산화탄소 배출권을 사고파는 시장이 운영되고 있으며, 유엔에서도 기후변화가 중요한 의제로 다루어진다.

오늘날 기후는 심각할 만큼 빠른 속도로 변하고 있다. 그러므로 기후와 관련된 문제는 당장 시급하게 해결해야 하는 과제가 대부분이다. 기후와 관련된 문제는 방치하면 심각한 재앙으로 이어질 가능성이 크기 때문이다. 지난 세기 말부터는 이런 상황을 보여 주는 영화도 등장하여 대부분 인기 있는 영화로 주목받았다. 인류 대부분은 미래의 지구 모습에 대한 막연한 두려움이나 관심이 있어 보인다.

기후 문제는 단순히 어느 한 나라의 문제로 다루어질 성격이 아니다. 기후

기후변화를 소재로 다룬 영화 기후변화가 심각한 사회 문제가 되면서 그와 관련된 영화도 인기를 끌고 있다.

와 관련된 문제는 여러 나라가 관련된 경우가 대부분이다. 그러므로 유엔 산하에는 기후 문제를 해결하기 위하여 여러 가지의 협의 기구가 만들어져 활동하고 있다. 그중 대표적인 것이 '기후변화에 대한 정부 간 협의체(IPCC: Intergovernmental Panel on Climate Change)' 이며, 우리나라의 정부와 기후학자들도 참여하고 있다. IPCC에서는 기후변화에 관한 보고서를 통하여 심각성을 일깨우고 있으며, 2007년에 제4차 보고서를 발표하였다.

국내에서도 기후 문제를 해결하기 위해서 많은 학자들이 노력하고 있다. 최근에는 그런 노력의 하나로 '한국 기후변화 협의체(Korean Panel on Climate Change)' 를 구성하고 정부의 관련 연구자와 기후학자들이 활동하고 있다.

기후와 관련된 다양하고 복잡한 문제를 해결하기 위해서는 정부와 학자들의 노력만으로는 부족하다. 무엇보다도 일반 시민들의 적극적인 관심과 노력이 있어야 한다. 그러나 정작 우리는 최근에 와서야 '기후' 라는 말이 귀에 익숙해진 정도이다. 그러다 보니, 많은 사람들이 기후라는 말을 사용해도 그 의미를 잘못 이해하고 있는 경우가 적지 않다.

기후란 무엇인가

'기후' 라는 말을 사전에서 찾아보면, '일정한 지역에서 장기간에 걸쳐 나타나는 기상[기온 · 강우 · 강설 따위]의 평균 상태' 라고 설명한다. 그에 덧붙여서 [비나 눈의 양이나 내리는 모양, 춥고 더운 변화, 바람이 부는 모양, 갠 날수, 습기 따위 대기 중의 여러 현상이 포함됨]이라고 기술하고, '날씨' 를 보라고 표시하였다. 그래서 '날씨' 를 찾아보면, '[어떤 지역에서의] 하루하루의 습도 · 비의 양 · 바람의 속도 · 바람의 방향 · 구름의 양 · 기온 · 기압 따위 기상 요소가 변동하고 있는 대기의 상태' 라고 설명하고 있다. 역시 여기서도 '기후' 를 보라고 하고 있어서 날씨와 기후는 밀접하게 관련이 있음을 알 수 있다.

사전 설명에 보면 기후에는 평균이란 뜻이 있고, 날씨는 매일 순간순간 나타나는 현상이란 의미가 있다. 비가 내리고 바람이 불고 천둥과 번개가 치는 것을 그 지방의 날씨라고 한다. 그러므로 날씨는 우리의 눈으로 볼 수 있는 현상이며, 일기장에서 '날씨' 라는 칸을 채울 수 있다.

그러나 일기장 어디에도 '기후' 라는 칸은 없다. 기후는 매일매일 볼 수 있는 것이 아니란 말이다. 기후는 그런 날씨를 오랫동안 더하여 평균한 것이다. 즉, 한 동네에 어떤 때가 되면 덥거나 춥거나 하는 것을 기후라고 한다. 또는 어떤 동네에 여름철이 되면 비가 많이 내리고, 겨울철에는 눈이 많이 내린다는 특성이 기후이다.

기후는 장기간에 걸쳐서 주민들의 삶에 영향을 미친다. 오랜 세월 동안 눈이 많은 지방에서는 그런 눈에 대비한 시설을 갖추고, 바람이 강한 지방에서는 역시 그것에 대비하는 시설을 갖추면서 기후에 적응한다. 식물도 오랜 세월 성장하면서 그 지방의 기후에 적응한 모습으로 바뀌어 간다. 그런 경관을 기후경관이라고 할 수 있으며, 이 책에서 다양한 사진으로 소개될 것이다.

기후경관의 사례 – 편향수 오랜 세월 성장하면서 나무도 기후의 영향을 받아 독특한 형태를 취한다(제주 동복리 해안, 2008. 1).

이 책에서 이야기하는 기후도 '아주 오랫동안에 걸쳐서 나타나는 현상' 으로서의 기후이다. 매일 변화하는 날씨를 이야기하는 것이 아니라 오랫동안 우리나라에서 나타났던 날씨를 평균한 의미로 기후를 이야기하고 있다. 적어도 인간의 한 세대를 의미하는 30년 이상을 평균한 값을 기후값의 의미로 사용한다. 그런 값을 예년값 혹은 평년값이라고 부른다.

지금까지 기후가 왜 중요한지에 대하여 설명하였다. 그리고 기후가 무엇을 의미하는지에 대하여도 알아보았다. 이제부터는 우리나라의 기후를 만드는 여러 가지 요인과 기후 특징은 물론 기후가 주민 생활에 미친 영향 등을 알아볼 차례이다. 우리나라의 기후 특성과 그 속에서 살고 있는 사람들의 기후와 관련된 삶의 이야기를 이어 가려고 한다.

1부

우리나라의 기후를 만드는 것들

02

중위도의 대륙 동안에 위치한다

우리나라의 위치는 여러 가지 측면에서 생각할 수 있다. 그중 기후와 관련지어 보면, 중위도 지방에 자리 잡고 있다는 점이 무엇보다도 중요하다. 그로써 계절변화가 생기기 때문이다. 또한 유라시아라는 큰 대륙의 동쪽 연안에 자리 잡고 있어 대륙의 서안에 비하여 계절변화가 뚜렷하다.

우리는 항상 자리다툼을 하다시피 하면서 살아간다. 학교에서나 영화관에서나 좋은 자리를 차지하려 애쓴다. 버스나 지하철을 타면서도 좋은 자리를 노린다. 어디에 자리하는가에 따라서 그 가치가 결정되는 경우가 많기 때문이다.

날씨나 기후도 비슷하다. 자리한 곳이 어디인가에 따라서 날씨와 기후가 결정된다. 그러나 버스나 지하철과 달리 한 나라의 위치는 이미 정해져 있어서 바꿀 수 없다. 그래서 우리는 정해진 자리에 맞는 날씨와 기후 속에서 살아가면서 그것에 적응한다.

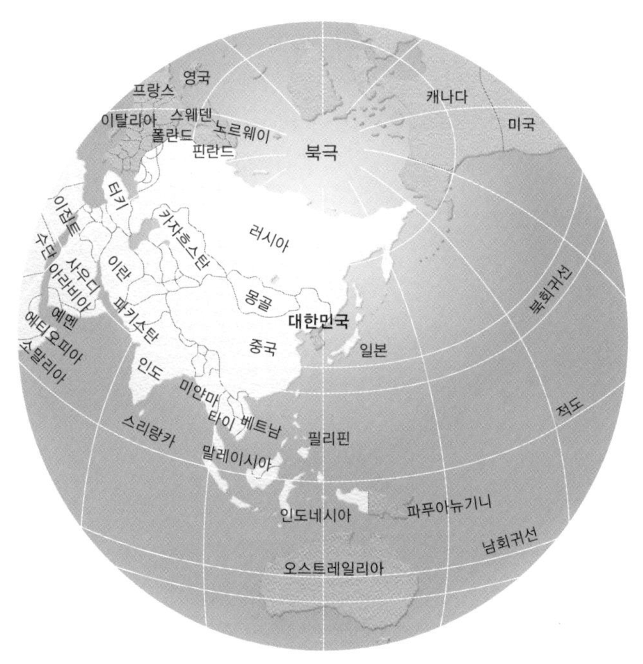

우리나라의 위치 우리나라는 중위도 지방이면서 유라시아 대륙의 동안에 자리 잡고 있다.

왜 계절이 바뀔까

우리나라의 위치는 여러 가지 측면에서 생각할 수 있다. 그중 기후와 관련지어 보면, 중위도 지방에 자리 잡고 있다는 점이 무엇보다도 중요하다.

지구는 23.5° 기운 상태로 자전하고 있어서 태양고도의 변화가 일어난다. 지구에서 보았을 때, 태양은 남위 23.5° 선에서부터 북위 23.5° 선 사이를 이동한다. 그 선을 태양이 되돌아가는 선이란 의미로 각각 남회귀선과 북회귀선이라고 한다. 태양고도의 변화는 고위도 지방일수록 크고 저위도 지방일수록 작다. 그래서 극지방에서 여름에는 밤이 없고, 겨울에는 낮이 없는 날이 계속된다.

지구가 둥글다는 점도 지표면에서 받아들이는 태양 에너지의 양을 결정하

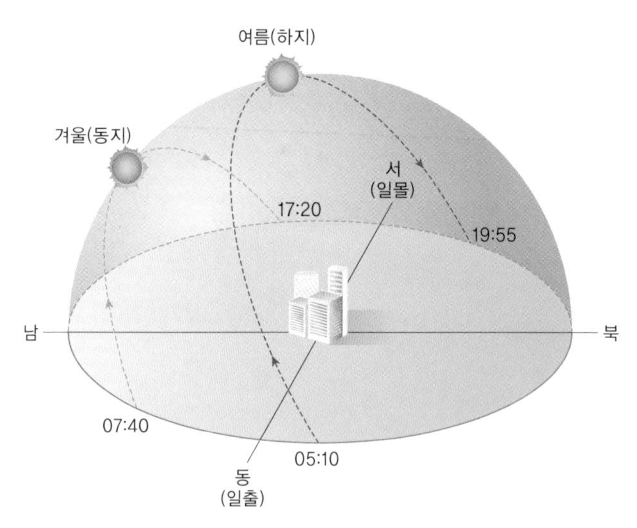

우리나라의 위치와 계절별 태양의 이동 우리나라는 중위도 지방에 위치하고 있어서 태양고도의 변화가 나타나고 그에 따라 계절변화가 뚜렷하다.

는 데 중요하다. 태양 에너지를 받아들이는 시간이 같다고 하더라도 수직에 가까운 방향에서 태양이 비치고 있을 때 많은 에너지를 받아들일 수 있다. 하지만 태양이 기울어져서 비칠 때는 그 양이 크게 준다. 그러므로 지표면에서 받는 태양 에너지의 양은 계절에 따라 달라질 뿐만 아니라 위도에 따라서도 크게 다르다.

결과적으로 태양고도의 차이와 둥근 지표면 때문에 위도대별로 열수지의 차이가 발생한다. 위도가 낮은 적도 지방에서는 태양 에너지를 많이 받고 위도가 높은 극지방에서는 적게 받으며, 그 차이가 크다. 또한 지구 표면에서도 우주 공간을 향하여 에너지를 내보내지만, 극지방과 적도 지방에서의 그 차이는 태양 복사 에너지에 비하여 아주 적다. 그러므로 적도 지방에서는 지표면이 받아들이는 태양 복사 에너지에 비하여 내보내는 지구 복사 에너지

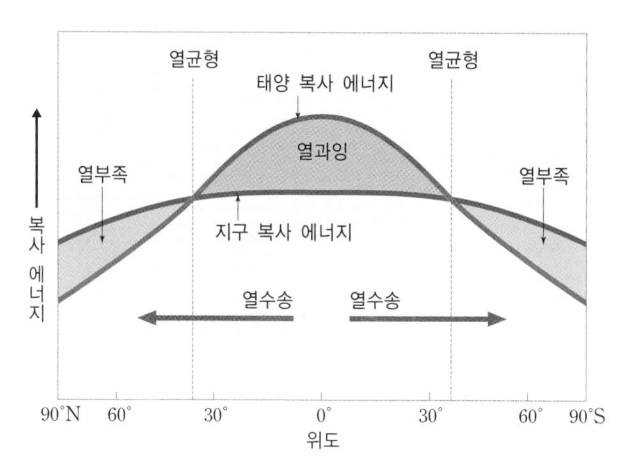

위도대별 에너지의 분포 태양고도가 높은 저위도 지방은 연중 열과잉이 나타나고, 태양고도가 낮은 고위도 지방은 연중 열부족이 나타난다. 또한 중위도 지방에서는 계절에 따라서 열수지가 달라진다.

가 적고, 극지방에서는 그 반대이다. 그 결과로 적도 지방에서는 항상 열이 남아돌고, 극지방에서는 부족하다. 그것이 적도 지방은 무덥고 극지방은 추운 가장 큰 이유이다.

우리나라는 중위도 지방에 자리 잡고 있어서 태양고도의 변화가 그리 크지도 않고 적지도 않다. 일 년을 통틀어 보면, 태양에서 받는 에너지와 지구 표면에서 내보내는 양이 거의 균형을 이룬다. 그러나 태양고도가 높은 시기에는 지표면에서 태양 에너지를 더 많이 받아 뜨거운 여름이 되고, 태양고도가 낮을 때는 태양으로부터 받는 열이 적어져서 추운 겨울이 된다. 그 사이에 가을과 봄이 있다. 이때는 열이 많지도 적지도 않은 시기이므로 선선하거나 포근하다.

위도대별 에너지의 분포는 마치 겨울철에 난로를 켜 놓은 집 안과 찬 공기로 덮여 있는 집 주변의 관계와 비슷하다. 집 안에서는 난로를 켜서 난방을 하고 있으므로 열이 많아 따뜻하다. 반면, 그 시간에 별다른 열이 가해지지 않는 집 주변의 공기는 열이 부족하여 춥다. 그 사이 창문 주변이 중위도 지방과 같은, 더운 곳과 추운 곳의 경계이다.

우리나라가 유라시아 대륙의 서쪽에 자리한다면?

유라시아 대륙의 서안에 자리한 나라에서 잠시 생활하였던 적이 있다. 당시 기후나 날씨에는 누구보다도 쉽게 적응할 수 있다고 믿었다. 그러나 그곳의 기후와 날씨 때문에 당황스러웠던 경우가 적지 않았다. 무엇보다도 계절에 어울리지 않는 옷을 입고 있는 사람들을 마주할 때와 계절에 맞지 않는 옷이 입고 싶을 때였다. 그들은 한겨울인데도 반소매 셔츠를 입고 시내를 활

여름철의 서유럽 거리 표정 우리나라로 치면 한여름인 시기이지만 겨울철에나 어울림직한 두꺼운 옷을 입은 사람과 반팔 셔츠를 입은 사람들이 보인다(아일랜드 골웨이, 2004. 7).

보한다. 우리로서는 도무지 이해하기 어려운 장면이었다. 그런가 하면 한여름인데도 두꺼운 외투를 입고 싶을 때가 여러 차례 있었다. 분명 그들에게도 계절은 있지만 우리의 계절처럼 강한 의미를 갖는 것은 아니다.

기후에 있어서 우리나라가 중위도 지방에 위치한다는 점과 더불어 유라시아라는 큰 대륙의 동쪽 연안에 자리 잡고 있다는 점도 중요하다. 대륙 동안에 있어서 대륙과 해양의 영향을 다 받고 있으며, 그로 인하여 연중 바다의 영향을 크게 받는 서안과는 확연히 다른 기후가 나타난다. 즉, 유라시아 대륙의 서안에 비하여 계절변화가 명확하다.

우리나라는 겨울이 춥고 건조하며, 여름은 무덥고 비가 많이 내린다. 이는 동부 아시아 기후의 일반적인 특징으로 대륙과 해양의 영향을 모두 받기 때

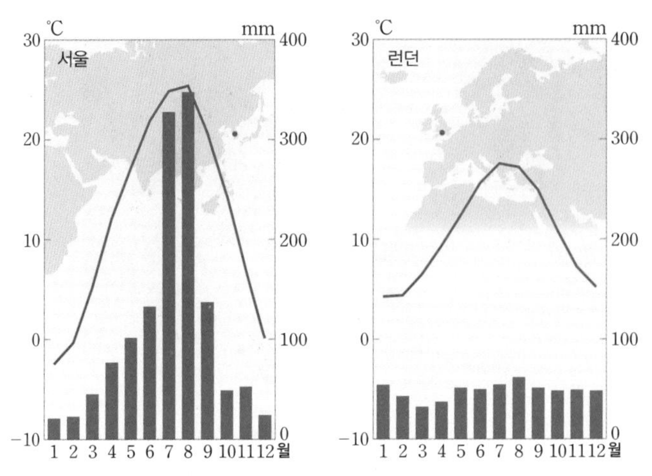

우리나라와 서부 유럽의 기후 비교 우리나라에서는 겨울과 여름에 기온과 강수량의 차이가 큰 반면, 서부 유럽에서는 연중 강수량이 고르고 기온의 변화도 적다.

문이다. 북서쪽 대륙의 영향을 받을 때는 한랭건조하고 남쪽 해양의 영향을 받을 때는 고온다습하다. 그러나 우리나라가 유라시아 대륙의 서안에 자리하고 있다면 오늘날 우리나라의 기후와는 크게 다를 것이다. 연중 해양의 영향을 받아 계절별로 비가 고르게 내리며, 겨울이 와도 그리 춥지 않고 여름에도 덜 무더울 것이다.

기후는 그 지역의 문화에 결정적 영향을 미친다. 우리나라는 한여름의 무더위와 겨울철의 추위가 있어서 우리의 대표적 문화의 하나인 벼농사와 김장 풍습이 발달하였다. 만약 우리나라가 유라시아 대륙의 서안에 자리 잡고 있다면 당연히 지금과는 다른 문화가 발달하였을 것이다.

중위도 지방의 상공에서는 거의 일 년 내내 서쪽에서 동쪽으로 바람이 분다. 그 바람을 편서풍이라고 하며, 중위도 지방의 공기를 서에서 동으로 움직이게 하는 중요한 힘이다. 그러므로 중위도 지방에서 나타나는 모든 날씨는 편서풍의 영향을 받는다. 폭우가 쏟아지는 것이나 오랫동안 비가 내리는 것, 오랫동안 가뭄이 계속되는 것, 겨울철의 따뜻한 날씨가 지속되는 것, 혹은 그 반대로 겨울의 혹독한 추위가 계속되는 것 모두 편서풍의 영향을 받아서이다. 심지어 봄철에 우리를 괴롭히는 황사도 편서풍을 타고 중국의 황토고원이나 사막에서 흙이 날아온 것이다.

유라시아 대륙의 서안은 광대한 바다인 대서양에 노출되어 있으므로 편서풍에 대한 장애물이 거의 없다. 그런 곳에서는 우리나라의 태풍처럼 강한 바람이 며칠 동안 이어지기도 한다. 그런 바람은 기껏해야 하루 정도 영향을 미치고 마는 태풍에 비하여 큰 힘을 가진다. 그러므로 서부 유럽에서는 일찍부터 바람의 힘을 이용하는 풍차가 발달하였다. 오늘날에도 서부 유럽에서

바람이 강한 서부 유럽의 풍차 연중 편서풍의 영향을 강하게 받는 서부 유럽에서는 일찍부터 바람을 에너지원으로 활용하고 있다(네덜란드 잔세스칸스, 2004. 7).

는 풍력이 중요한 에너지원으로 사용된다.

편서풍은 유라시아 대륙을 넘으면서 높은 산지 등에 부딪혀 그 강도가 약해진다. 우리나라는 대륙 서안에 비하여 편서풍의 직접적인 영향이 약하다. 그 대신 광대한 유라시아 대륙과 태평양 사이의 온도 차이가 우리나라의 바람에 큰 영향을 미친다. 즉 냉각과 가열에 의한 시베리아 벌판과 북태평양의 온도 차이가 우리나라 주변 바람의 중요한 요인이다.

겨울철에 시베리아 벌판이 크게 냉각될 때는 그곳의 공기 밀도가 북태평양보다 훨씬 높다. 그래서 시베리아 평원에서 북태평양을 향하여 강한 바람이 불어온다. 그 바람이 우리나라의 겨울에 주로 영향을 미치는 북서 계절풍이다. 북서 계절풍은 차갑고 건조한 시베리아의 공기를 가져오므로, 이 바람이 몰아칠 때는 매우 춥고 건조하다.

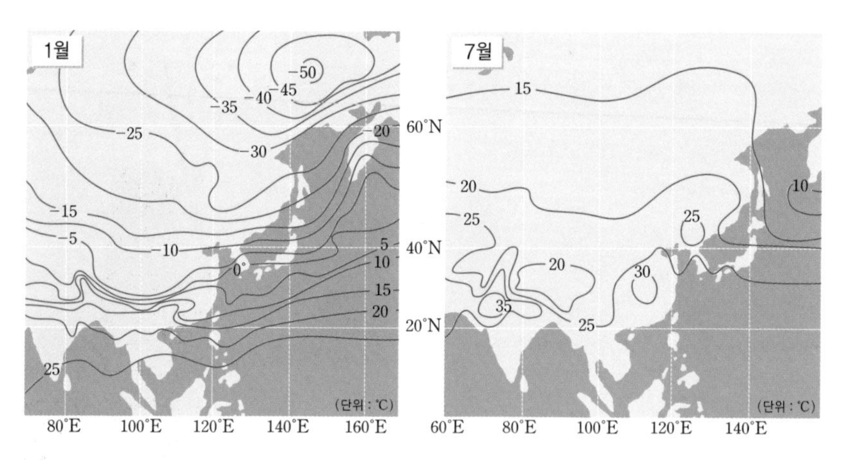

우리나라 주변의 겨울과 여름의 온도 분포 겨울철에는 대륙이 빠르게 냉각되므로 대륙에서 한랭건조한 북서 계절풍이 불어오고, 여름철에는 대륙이 빠르게 가열되므로 해양에서 고온다습한 남서 · 남동 계절풍이 불어온다.

여름이 되면 시베리아 벌판은 빠르게 가열되어 뜨거워진다. 반면에 온도 변화가 느린 태평양의 수온은 거의 변화가 없다. 그러므로 여름철에는 태평양 상의 공기 밀도가 높아져 그곳에서 대륙 쪽으로 바람이 분다. 이 바람은 북태평양 상에서 무덥고 습한 공기를 가져오기 때문에 매우 덥고 비도 많다. 그러나 두 지역의 공기 밀도 차이가 겨울처럼 크지 않아 바람이 강하지 않다. 해양과 대륙 사이의 온도 차이도 겨울보다 훨씬 작다. 바람은 지역 간의 온도 차이가 크면 클수록 강하다.

계절의 변화는 우리에게 무엇을 남겼을까

변화가 심한 우리나라의 날씨 때문에 '빨리빨리' 라고 하는 일종의 문화가 만들어졌다고 믿었던 적이 있다. 그러나 유라시아 대륙 서안에서의 경험은 그렇지 않다는 것을 항변하듯 보여 주었다. 유라시아 대륙 서안에서도 섬나라 아일랜드의 날씨는 그 정도를 표현하기가 어려울 만큼 변덕스러웠다. 하루에 일 년의 날씨를 모두 경험할 수 있을 정도였다. 그럼에도 그들의 생활에서 '빨리빨리' 란 도무지 찾아볼 수 없었다. 오히려 우리와 비교한다면 너무 느려 적응하기 힘들 정도였다.

그런 경험을 한 후, 우리의 '빨리빨리' 는 날씨가 아닌 계절변화 때문이라는 생각을 하게 되었다. 계절변화가 뚜렷하기 때문에 항상 때가 있기 마련이다. 우리나라에서 농업이 주산업이던 시절에는 그 '때' 가 무엇보다도 중요하였다. 특히 이모작을 하는 지방에서는 일모작 작물을 수확하고 그 자리에 이모작 작물을 심기 위해서 시간을 금쪽 같이 나눠 써야 했다. 때를 놓친다는 것은 남들과의 경쟁에서 뒤지는 정도를 넘어 끼니를 굶어야 하는 상황에

우리나라 사계절의 모습 뚜렷하게 달라지는 계절별 기후 특성은 우리 국토의 모습을 더욱 아름답게 하고 있다(왼쪽 위부터 시계 방향으로 경북 영덕(2006. 4), 제주 협제(2007. 6), 강원 피덕령(2008. 1), 전남 백양사(2006. 10)).

처해질 수 있었다. 그러므로 무엇이든 '빨리빨리' 서두르지 않을 수 없었고, 그런 습관이 오늘날까지 이어져 온 것이 아닌가 싶다.

우리나라의 뚜렷한 계절변화는 국토의 모습을 아름답게 바꾸어 놓는다. 울긋불긋 꽃이 피어나는 봄, 파란 바다와 초목이 무성한 여름, 황금빛의 들판과 온 산이 붉게 물든 가을, 그리고 온 산야가 흰 눈으로 뒤덮이는 겨울, 우리에겐 그 어느 모습도 소중하다. 또한 그런 변화가 있어서 국토의 모습이 아름다움을 더한다.

기후에 적응하여 지어진 옛집 우리의 옛집은 기후에 적응하기 위하여 마루 전면(남향)에는 문을 두지 않았고 뒷면(북향)에는 벽을 두었다(경북 영주, 2007. 1).

계절변화는 다양한 주민 생활의 모습을 만드는 데도 영향을 미쳤다. 우리나라의 옛집을 자세히 들여다보면, 겨울의 추위와 여름의 무더위를 잘 극복할 수 있게 지어진 것을 알 수 있다. 한 외국인 기후학자가 계절변화에 잘 대응하는 우리의 전통 가옥을 보면서 대단히 놀라워하던 기억이 있다. 그가 본 가옥은 청풍문화재단지 안의 것으로 대청의 뒤는 겨울 추위를 막을 수 있게 벽을 두껍게 하였고, 정면은 여름 무더위를 이길 수 있도록 벽과 문을 두지 않았다. 우리가 볼 수 있는 중부지방의 전통 가옥은 대부분 그런 형태이다.

우리는 남향 집을 선호한다. 집을 남향으로 지어서 처마의 길이를 잘 조절하면 겨울에는 많은 태양열을 받을 수 있고, 여름에는 집 안으로 들어오는 태양열을 줄여 시원하다. 구들장을 넣고 온돌을 만든 것도 여름에 시원하면서 겨울에 따뜻하게 지낼 수 있도록 고안한 것이다.

지방마다 계절에 맞는 다양한 세시 풍속도 발달하였다. 이들 대부분은 그 시기의 기후 특징과 관련이 있으며, 정월 대보름 전날에 행하여지는 쥐불놀이가 대표적인 예이다. 쥐불놀이는 논이나 밭의 마른 풀에 불을 놓아 겨울 추위를 피해 풀 속으로 모여들었을 해충이나 그 알을 태우는 데 목적이 있다. 이 무렵은 겨울 동안 쌓였던 눈이 녹으면서 땅이 어느 정도 젖어 있기 때문에 큰 불로 이어질 가능성이 비교적 적다. 타고 남은 재는 새로 시작하는 농사를 위한 거름이 된다. 최근 쥐불놀이를 달집태우기와 더불어 마을 축제로 즐기는 경우가 점차 늘고 있다.

제주도의 중산간에서 어린 시절을 보낼 때, 이른 봄이면 한라산 쪽에서 밤

쥐불놀이 정월 대보름에는 들판에 불을 놓아 마른 풀에 남아 있는 해충을 태우는 관습이 전해진다(경북 영주 무섬 마을, 2008년 정월 대보름).

마다 타오르는 큰 불을 본 적이 있다. 간혹 그 불이 마을까지 내려오지나 않을까 염려하면서 밤을 새우기도 했다. 당시 제주도에서는 늦겨울에서 이른 봄, 들판에 방앳불이라고 불리던 큰 불을 놓는 경우가 많았다. 그 불은 며칠 밤씩 온 들판을 붉게 물들였다. 후에 산림을 태울 우려가 있다 하여 법적으로 금지시키기도 했지만 주민들은 그 불이 얼마나 필요하였던지 요령을 부리기도 하였다. 아침에 길게 만든 심지에 불을 붙여 놓아 마을을 떠나고 난 한참 후에 들판에 불이 번지게 하는 것이었다. 제주도는 다른 지방보다 여름철에 무덥기 때문에 풀이 무성하다. 그래서 가축을 방목하기 위해서는 들판에 남아 있는 풀을 모두 태워서 부드러운 풀을 새로 돋아나게 할 필요가 있다. 오늘날 제주도에서는 이것을 들불 축제로 이어 가고 있다.

들불 축제 제주도에서는 과거 들판에 방앳불을 놓던 것을 하나의 축제 행사로 이어 가고 있다(제주 새별오름, 2008. 3. 이준택).

이른 봄 제주도의 방목장 이른 봄이 되어 가축을 위해 마련해 두었던 '촐'이 바닥을 드러낼 무렵이면 방목장에 소를 풀어 놓는다(제주 제동목장, 2008. 4).

방앳불이 자취를 감출 쯤이면 제주의 봄이 시작된다. 들판의 초목이 푸릇푸릇해질 무렵이면 가을 추수 후에 준비해 두었던 '촐'(제주도에서 야생 목초를 말린 건초)이 거의 다 바닥을 드러낸다. 이쯤 되면 집에서 가두어 키우던 소를 방목장에 풀어 놓고 초가을까지 이어 간다.

한식날의 찬밥도 기후와 관련이 깊다. 이때는 전국이 가장 건조한 시기로, 불씨를 잘못 사용하면 자칫 큰 불로 이어지기 쉽다. 우리 조상들은 한식날 불 사용을 금하며 경각심을 일깨운 것이다. 그러나 매년 이 무렵이면 아쉽게도 전국의 이곳저곳에서 산불이 발생했다는 소식이 전해진다.

오래된 저수지 – 의림지 신라시대에 축조된 것으로 알려진 의림지는 오늘날에도 저수지로 사용되고 있으며, 유원지로 개발되었다(충북 제천, 2006. 7).

칠석날의 물맞이도 기후와 관련이 깊다. 이날 내리는 빗물은 약물이라고 하여 그 물로 목욕을 하면 피부병 등에 좋다고 하였다. 칠석 무렵은 장마철을 갓 넘긴 시기로 많은 비에 의해서 더러운 먼지 등이 모두 씻겨 내린 후이다. 그러므로 이 무렵의 물은 어디서나 일 년 중 가장 깨끗한 상태였을 것이다.

한편 우리나라는 계절별로 강수량의 차이가 커서 항상 물 문제를 겪었다. 이에 우리 조상들은 상고시대부터 대규모의 저수지를 축조하였다는 기록이 있다. 세계 어느 나라보다도 오랜 강수량 관측 기록을 지니고 있는 것도 계절별 강수량 차이가 컸기 때문이다.

03

태백산맥이 서해안에 있다면

기후의 지역 차이에는 지리적 위치 외에도 지형과 해발고도, 바다와의 관계 등이 중요한 영향을 미친다. 우리나라의 경우에는 산지가 많아 지형이 복잡한 것뿐만 아니라 삼면이 바다로 둘러싸인 점 등이 기후에 큰 영향을 미친다.

여름철 비행기에서 내려다보이는 잔잔한 남해의 여러 섬은 섬 이상으로 인상적일 때가 있다. 한낮, 섬의 한쪽에는 뭉게구름이 모락모락 피어오르고 있는데 다른 한쪽에는 구름 한 점 없이 태양이 내리쬔다. 아주 작은 섬에서 벌어지고 있는 현상이다. 그것을 보면서 자연은 있는 그대로를 보여 준다는 것을 확인한다. 구름은 바람이 불어오는 쪽 산지에만 발달한다.

작은 섬의 나지막한 산이 그러니, 우리나라 최대의 산줄기인 태백산맥이 자리를 이동한다면 오늘날과는 모든 것이 달라진다. 무엇보다도 동해안과 서해안의 기후가 크게 달라질 것이다. 영동지방과 호남지방은 눈이 꽤 많은 지방으로 알려져 있다. 산맥의 위치가 바뀐다면 그 눈의 특성이 달라질 것이다. 서해안에는 겨울철에 거의 매일같이 폭설이 쏟아질 것이고, 영동지방에는 폭설 대신 현재 서해안 정도의 눈이 가끔 내릴 것이다.

기후의 지역 차이에는 지리적 위치 외에도 여러 가지가 영향을 미친다. 지형과 해발고도, 바다와의 관계 등도 기후 특성을 결정짓는 중요한 요인이다. 우리나라는 국토 면적에 비하여 산지가 많아 지형이 꽤나 복잡한 편이다. 그런가 하면 삼면이 바다로 둘러싸여 있어서 그 영향도 적지 않다. 동해안과 서해안의 기후 차이에는 바다의 영향이 크다.

산은 날씨에 어떤 영향을 미칠까

사람들은 가끔 산에 발달하는 구름을 보면서 '구름이 산을 넘어오지 못한다'고 한다. 맞는 말일 수도 있다. 그러나 정확하게 표현하면, 구름이 산을 못 넘어오는 것이 아니라 사라지는 것이다. 공기는 산을 오르면서 구름을 만든다. 그리고 산을 넘어서면 공기가 하강하면서 구름이 사라진다. 이 모습이

산지에 발달하는 구름 바람이 불어오는 쪽 사면에서는 구름이 발달하지만 그 반대의 사면에서는 공기가 하강하면서 소산된다(전남 영암 월출산, 2007. 8).

마치 구름이 산을 넘어오지 못하는 것처럼 보인다.

우리나라의 높은 산은 북녘 땅에 집중되어 있다. 하지만 북녘의 산은 쉽게 가 볼 수 없으니 그 규모가 어느 정도인지 얼른 다가오지 않는다. 우리에게는 여전히 태백산맥이 큰 산줄기이다. 이런 큰 산줄기는 기후에 미치는 영향이 크며, 주민 생활의 차이에도 크게 영향을 미친다.

오늘날에는 시원하게 뚫린 고속도로나 철길, 아니면 비행기를 타고 쉽게 태백산맥을 넘을 수 있다. 하지만 그렇게 된 것은 불과 30년밖에 지나지 않은 최근의 일이다. 그만큼 넘기도 힘들었고 양쪽 사면의 기후도 서로 달랐기에 두 지방 간에는 뚜렷하게 구별되는 생활 방식이 발달하였다. 같은 강원도이면서도 사투리가 다르고, 심지어 좋아하는 음식도 다르다. 또한 식생도 다

영동지방의 대나무 군락 영동지방은 겨울철에도 온화하여 남부지방에서 볼 수 있는 대나무 군락이 널리 발달하였다(강원 양양, 2008. 1).

르다. 영서지방에서는 보기 어려운 대나무 군락을 영동지방에서는 어디서나 쉽게 볼 수 있다.

우리나라는 국토의 70%가 산지이다. 남한만을 놓고 보아도 그 면적이 60%를 넘는다. 전국 어디에서나 산을 흔하게 볼 수 있다. 그런 산은 날씨의 차이에 미치는 영향이 크다. 크고 작은 산지의 영향으로 우리나라 안에서도 지역마다 기후의 차이가 뚜렷하게 발생한다.

여름철 동해안으로 휴가를 갈 때 낭패를 보는 경우가 종종 있다. 영서지방에서 쾌청한 날씨에 대관령을 넘으면, 앞이 안 보이게 안개가 잔뜩 끼어 있다. 사실 그것은 산지에 걸려 있는 구름이다. 대관령을 넘어 동해안에 이르러 보면 잔뜩 흐리고, 심할 때는 가랑비까지 부슬부슬 내린다. 그런 날씨

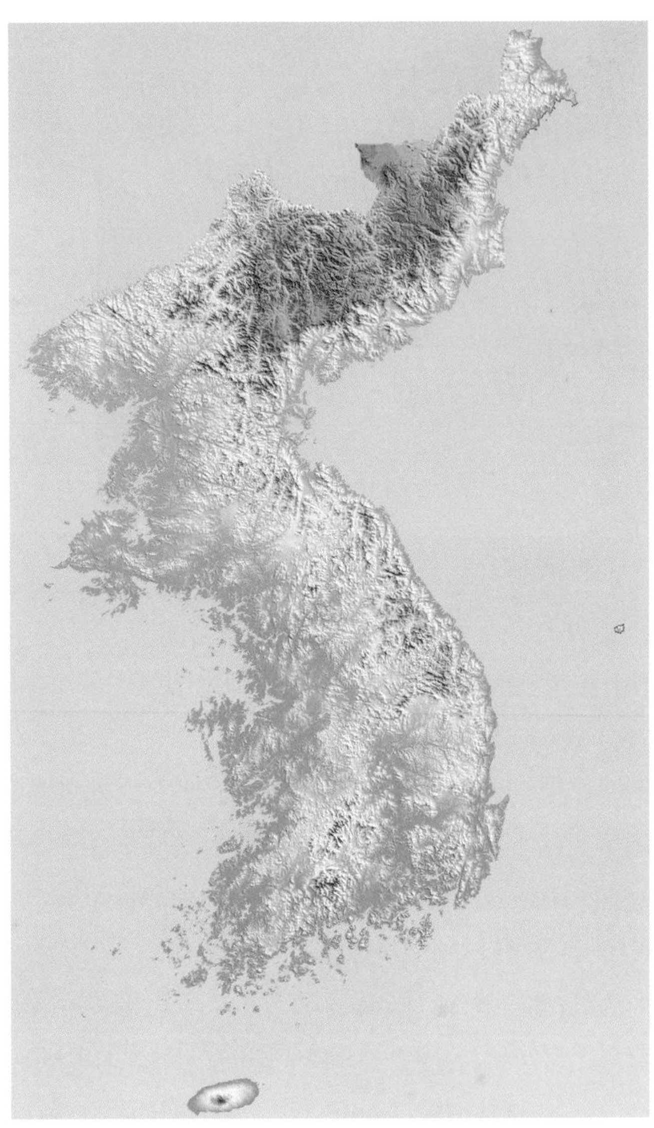

우리나라의 지형 우리나라는 산지가 많아 지형이 복잡하며, 이는 지역별 기후 차이의 주요 발생 원인이 된다.

태백산맥 주변의 여름철 날씨 북동풍이 불 때, 동해안은 흐리고 음산한 날씨지만 고개를 넘어서면 쾌청한 날씨가 나타난다(강원 평창, 2006. 8).

는 해수욕을 즐기기는커녕 썰렁한 기운마저 감돌게 한다. 그렇게 이삼 일을 보낸 뒤 휴가를 포기하고 대관령을 넘어서면, 비는커녕 아주 쾌청한 날씨가 반긴다. 이 역시 산맥이 기후에 미치는 영향을 잘 보여 준다. 음산한 북동풍이 불면서 태백산맥 동쪽 사면에 구름이 발달하고 그 반대 사면에는 맑은 날씨가 나타나는 것이다.

태백산맥의 동쪽과 서쪽 지방의 날씨가 크게 다를 때는 앞의 경우 말고도 많다. 한쪽에서는 폭우가 쏟아지고 있어도 다른 쪽에서는 햇빛이 나기도 한다. 태풍 '루사'의 영향으로 강릉에 900mm에 가까운 기록적인 폭우가 쏟아지던 날 영서지방의 홍천에는 단지 62.5mm의 강수가 있었고, 서울에는

45.5mm만이 내렸다. 영동지방에는 폭설이 내리는데 영서지방에는 구름 한 점 없이 맑은 날씨인 경우가 흔하다. 대관령을 넘던 자동차가 폭설로 고립되었다는데, 다른 지방은 눈 한 송이 내리지 않는 경우도 많다. 2003년 1월 14일에는 강릉에 36.8cm의 폭설이 내렸지만, 그날 서울과 원주, 홍천 등 영서지방은 눈은커녕 맑은 날씨였다.

공기가 이동하다 산을 만나면 그 산을 타고 오른다. 그리고 상승하느라고 일을 하기 때문에 에너지가 소모되어 기온이 낮아진다. 기온이 충분히 낮아져 이슬점에 이르면 물방울이 맺힌다. 그것이 구름이다. 구름이 더욱 발달하

산지에 발달하는 구름 공기가 산을 오르면서 기온이 낮아지면 응결하여 구름이 발달한다. 산에서는 낮은 구름을 안개라고 부른다(강원 한계령, 1999. 8).

면 비나 눈이 내린다. 그러므로 바람이 불어오는 방향의 사면에서 비가 자주 내린다. 등산을 하다 보면 안개 다발 지역이므로 주의하라는 표지를 접한다. 그곳에서는 구름이 안개로 보이는 것이다.

비를 내리면서 산을 넘어간 공기는 수분을 잃었으므로 건조해진다. 게다가 산을 내려가면서 압력을 받으므로 기온이 상승하여 이슬점보다 높아지면 구름이 사라진다. 바람이 불어 넘어간 바람그늘에서는 쉽게 비가 내리지 않을 뿐만 아니라 맑은 날씨가 많다. 즉, 산지에서 바람이 불어오는 쪽에는 강수량이 많고 그 반대쪽에는 강수량이 적다. 경상북도 지방이 다른 지방에 비하여 강수량이 적은 것은 주변이 산지로 둘러싸여 있기 때문이다. 그 안으로 불어오는 바람이 어느 방향에서 오든지 산지를 넘어오면서 건조해지므로 비가 내릴 가능성이 적다.

산맥은 바람 장애물도 되어 바람그늘에서는 풍속이 약하다. 태백산맥은 찬 북서 계절풍을 막아 주는 역할을 한다. 그러므로 동해안이 서해안보다 훨씬 덜 춥다. 서해안에 비하여 기온이 높을 뿐만 아니라, 북서풍이 불어올 때 산지가 가로막고 있어서 바람도 서해안보다 약하다. 북서풍이 강하게 부는 날 동해안을 여행하다 보면, 위도에 관계없이 산지의 연속성이 약하고 산에서 멀리 떨어진 곳에서 더 춥고, 산지가 웅장하고 가까이 위치한 곳에서 더 포근한 것을 느낄 수 있다.

한라산이 찬 북서풍을 막아 주는 서귀포도 북쪽의 제주시보다 훨씬 따뜻한 겨울을 보낸다. 한겨울에도 마치 이른 봄과 같은 날씨가 나타난다. 우리나라에서 봄꽃 소식이 가장 먼저 전해지는 곳도 거의 서귀포이다. 서귀포에서는 일 년 내내 노지에서 농사를 지을 수 있을 뿐만 아니라 아열대 작물을

겨울철 서귀포의 들판 겨울철에도 온난한 서귀포 지역에서는 연중 작물의 재배가 가능하다(제주 서귀포, 2008. 2).

재배하는 곳도 점차 늘고 있다.

해발고도가 높아지면 환경기온감율(0.65℃/100m)에 따라서 기온이 낮아진다. 그러므로 산지는 주변의 평지에 비하여 기온이 낮다. 해발고도가 높은 대관령이 인접한 강릉에 비하여 월평균기온이 낮다. 이와 같이 기온이 낮아서 농사를 지을 수 있는 기간도 다른 지역보다 짧다. 그렇지만 여름철에 시원한 기후의 특성을 잘 활용하면 평지에서 농사를 짓는 것보다 유리할 수 있다. 평지와 다른 시기에 작물을 출하할 수 있다는 장점이 있다.

대관령과 같이 고도가 높으면서도 평평한 곳에서는 이러한 기후적 조건을 이용하여 값이 비싼 채소를 키우는 고랭지 농업과 축산업이 발달하였다. 대

고랭지의 배추 재배 해발고도가 높은 고랭지에서는 여름철의 선선한 기후를 활용하여 배추와 씨감자 등을 재배한다(강원 안반덕이, 2007. 8).

관령에 가까운 횡계와 진안, 무주 등의 고원 지역에서도 고랭지 농업이나 축산업이 이루어지고 있다.

대표적인 고랭지 작물로는 배추와 감자가 있다. 배추는 최근까지도 고랭지 농업의 대표 작물이었지만 김치 냉장고가 보급되면서 적지 않은 타격을 받고 있다. 고랭지에서 생산되는 감자는 여전히 인기 있는 작물이다. 특히 해발 700m 이상에서만 재배 가능한 씨감자는 높은 소득을 보장하는 작물이다. 고랭지 작물은 이처럼 농민들에게 경제적인 이득을 주는 반면, 더운 여름철에 재배되기 때문에 농약을 많이 쳐야 하는 부담도 준다.

해발고도가 높은 곳은 기온이 낮아 상대습도가 높다. 그래서 수증기가 쉽

산지의 환경 해발고도가 높은 곳은 평지에 비하여 수분이 풍부하므로 식물 성장에 유리하다(제주 한라산, 2000. 8).

게 응결하므로 자주 구름이 끼고 비가 내려 수분이 풍부한 편이다. 산지에 발생하는 구름이나 안개가 수분 공급 역할을 하는 것이다. 이처럼 평지에 비하여 수분이 풍부하다는 점도 식물 성장에 유리할 수 있다. 그러나 이런 지역에는 지형성 강수가 자주 내려 등산 시 조난 사고의 원인이 되곤 한다.

우리나라 주변이 바다가 아니었다면?

겨울철에 연구실을 찾는 사람 중에는 방 안에 자욱한 수증기 때문에 적잖이 당황하는 경우가 있다. 바닥에 물이 흥건할 정도가 되거나 가습기를 강하게 켜 놓아야 편안하다. 이런 것은 섬에서 태어난 사람이 서울 생활에서 겪는 어려움의 하나이다. 가을이 되면서 선선한 바람이 불기 시작하면 벌써 가습기를 찾는다. 그러다 보니 사막을 답사할 때에는 누구보다도 건조한 날씨에 견딜 수 있는 물건을 많이 준비하고 떠난다.

우리나라가 바다로 둘러싸이지 않았다면, 일기 예보가 지금보다 더 적중했을까? 날씨를 예상하거나 기후를 예측할 때 겪는 어려움의 하나가 바다의 역할이다. 느리지만 바다의 온도도 변하고 있고, 물이 흐르는 방향도 바뀌고 있어서 바다의 영향을 판단하는 일이 쉽지 않다. 바닷물의 온도가 약간만 변해도 날씨에는 크게 영향을 미칠 수 있다.

우리나라는 황해와 남해, 동해로 둘러싸여 있다. 또한 바다의 특성이 각각 다르다. 그러므로 우리나라의 기후에 미치는 영향도 바다마다 다르다. 이는 지형과 더불어 우리나라의 기후 특성이 지역별로 다양하게 나타나는 중요한 요인이다. 바다에 접한 지방에서는 내륙과 구별되는 특유의 날씨와 기후가 나타난다. 겨울철 바다에 가까운 지방에서는 눈이 많이 내린다. 울릉도와 강원도의 동해안, 서해안이 그런 곳이다.

울릉도는 우리나라에서 대표적으로 눈이 많이 내리는 곳이다. 처마 높이까지 눈이 쌓이기도 한다. 동해 상의 섬이면서 그 한가운데 해발 984m의 성인봉이 우뚝 솟아 있기 때문이다. 북서풍을 타고 시베리아에서 이동해 온 찬 공기가 따뜻한 동해를 만나면서 만들어진 구름이 성인봉에 부딪히면, 급하게 상승하면서 두꺼운 구름을 발달시키고 폭설을 쏟아낸다. 울릉도 가옥에서 볼 수 있는 우데기는 그런 폭설 때문에 만들어진 시설이다.

늦은 겨울이나 이른 봄에 강원도의 동해안에 내리는 폭설도 동해의 영향을 크게 받은 것이다. 한겨울을 넘기면 시베리아 기단은 약해진다. 늦겨울이

울릉도(알봉)의 가옥 가옥이 온통 눈으로 덮여 있다. 지붕의 경사가 급한 이유와 왜 우데기를 설치해야 하는지를 잘 보여 준다(경북 울릉, 2003. 1).

되면, 시베리아 기단이 빠르게 변질되면서 그 공기의 중심이 우리나라의 북쪽을 지나기 때문에 북동풍이 불어온다. 북동쪽에서 이동해 온 찬 공기는 동해의 따뜻한 바다를 만나서 구름을 만든다. 이것이 태백산맥으로 이동하여 산을 오를 때, 구름이 더욱 발달하면서 많은 눈을 내린다.

호남지방의 서해안에 내리는 눈도 바다의 영향을 받은 것이다. 시베리아에서 불어온 찬 공기와 따뜻한 바닷물이 만나면서 구름이 발달한다. 이 구름은 물과 공기의 온도 차이에 의해서 만들어진 것이다. 겨울철에 서울에서 제주로 가는 비행기를 타면 마치 솜이불을 깔아 놓은 듯 넓게 펼쳐지는 황해 상의 구름이 그것이다. 계란을 삶은 후에 차가운 물에 담그는 것도 이 원리를 이용

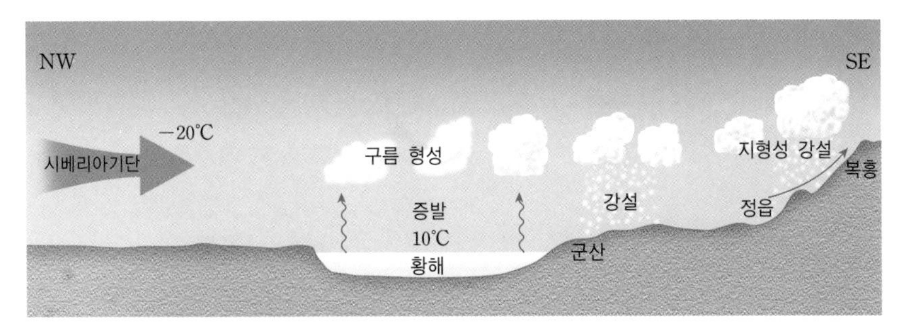

호남지방 눈의 형성 시베리아에서 이동해 온 찬 공기와 따뜻한 바다가 만나서 구름이 발달하고, 그 구름이 내륙으로 이동하여 상승하면서 눈이 만들어진다.

한 것이다. 뜨거운 상태의 달걀을 차가운 물에 담그면 차가운 물과 뜨거운 달걀 사이의 온도 차이로 달걀 껍질 속에서 순간적으로 응결이 일어난다. 응결에 의해서 만들어진 물방울이 달걀의 흰자와 껍데기를 분리시킨다.

서해안의 눈은 쿠로시오 난류가 흐르는 바다에서 발달한 구름에 의해서 발생하기 때문에 '바다효과'라고 부르기도 한다. 찬 북서풍이 불어올 때 황해를 덮고 있는 공기의 온도는 −20℃ 혹은 그 이하로 떨어지지만, 수온은 영상 10℃ 내외이다. 하층이 상층보다 훨씬 따뜻하므로 무거운 공기가 위에 있게 되어 대류가 활발하다. 그러므로 시베리아 공기가 영향을 미치는 해상에 넓게 구름이 발달한다.

공기가 심하게 불안정한 상태일 때는 공기가 더욱 높게 상승하므로 적운형 구름이 발달한다. 여름철의 뭉게구름처럼 적운형으로 발달한 구름에서는 한겨울에도 천둥과 번개가 치기도 한다. 이런 구름이 육지로 상륙하면서 군산과 영광, 부안 등의 지방에 눈을 내린 후 잠시 소강 상태를 보인다. 그리고 더 내륙으로 이동하여 노령산맥을 만나면 상승하면서 다시 눈을 내린다.

한강 하구의 성엣장 겨울철에 차가운 물이 유입되는 한강 하구에서는 얼어붙은 성엣장을 쉽게 볼 수 있다(경기 김포, 2006. 1).

바다효과에 의한 눈은 대체로 태안반도에서부터 전라남도 해안에 걸쳐서 나타난다. 경기만은 그 남쪽의 바다에 비하여 수온이 낮아서 바다효과가 나타나기 쉽지 않다. 경기만의 수온이 낮은 것은 한강과 임진강에서 차가운 물이 유입되기 때문이다. 한겨울에 한강의 하류에 나가 보면 성엣장이 넓게 발달한 것을 볼 수 있다.

제주도의 근해에는 우리나라 어느 바다보다도 따뜻한 난류가 흐르고 있어 시베리아 기단이 다가오면 공기가 매우 불안정해진다. 그러므로 대류가 활발하게 일어나면서 상승기류가 발달하여 마치 우박과 같은 크기의 눈송이가 만들어진다. 그런 눈이 내리는 날에는 눈을 맞는 얼굴이며 몸이 온통 따

겨울철 시베리아 기단의 영향 아래에서 발달한 구름 겨울철 서해 상에는 따뜻한 바다와 시베리아에서 이동해 온 차가운 공기 사이의 온도 차이 때문에 두꺼운 구름이 발달한다(제주 제주, 2008. 2).

가워 걷기 어려울 정도이다.

처음 고향을 떠나 서울 가회동 언덕의 한옥집에 보금자리를 꾸렸다. 창문을 열면 언덕 아래로 기와지붕이 한눈에 들어오는 곳이었다. 겨울철 어느 날 아침, 환한 창문이 아주 의아해서 열어 보니, 그 소박한 기와지붕이 소리도 없이 온통 하얗게 변해 있었다. 제주도에서는 밤에 눈이 내리면 함석지붕을 때리는 눈발 소리 때문에 잠을 이루기 어려울 정도였다. 처음으로 동네에 따라서 눈의 종류가 다르다는 것을 깨닫는 순간이었다.

04

성질이 다른 공기 덩어리가 다가온다

우리나라는 지리적 위치 때문에 날씨에 영향을 미치는 공기 덩어리(기단)가 다양하다. 우리나라보다 더 추운 지방에서 오는 기단의 영향을 받기도 하고 더운 지방에서 오는 기단의 영향을 받기도 한다. 같은 시기라 할지라도 어떤 기단이 영향을 미치는가에 따라서 전혀 다른 날씨가 나타날 수 있다.

공기는 빠르게 움직이는 점이 다른 물질과 크게 구별된다. 게다가 공기는 계속 이동하다 보면 다시 제자리로 돌아올 수 있다. 물도 엄청난 속도로 흐르지만 공기의 흐름을 따를 수 없다. 한 지방의 날씨는 그 위를 빠르게 지나고 있는 공기의 성질에 따라서 결정된다.

우리나라는 중위도 지방에 자리하는 지리적 위치 때문에 날씨에 영향을 미치는 공기 덩어리(기단)가 다양하다. 우리나라보다 더 추운 지방에서 오는 기단의 영향을 받기도 하고 더운 지방에서 오는 기단의 영향을 받기도 한다. 같은 시기라 할지라도 어떤 기단이 영향을 미치는가에 따라서 전혀 다른 날씨가 나타날 수 있다.

우리나라의 날씨에 영향을 미치는 대표적인 기단은 시베리아 벌판과 북태

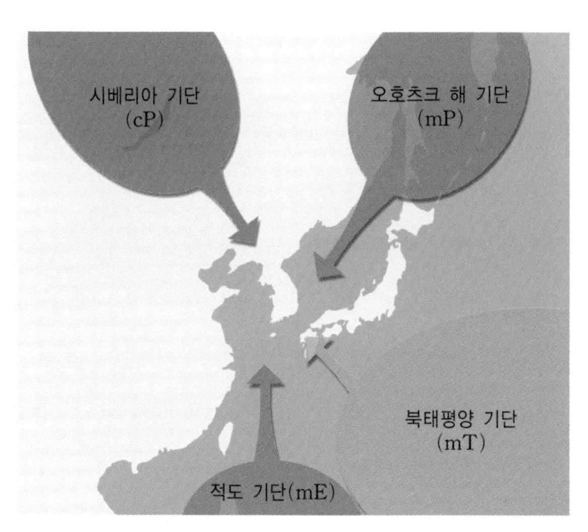

우리나라에 영향을 미치는 기단 우리나라의 기후는 북쪽의 시베리아 기단과 오호츠크 해 기단 그리고 남쪽의 북태평양 기단과 적도 기단의 영향을 받는다.

평양, 오호츠크 해의 넓은 바다에서 만들어진 것이다. 우리나라보다 추운 지방에서 공기가 다가올 때는 겨울이 되고, 더운 지방에서 공기가 이동해 올 때는 여름이 된다.

시베리아 벌판의 공기가 우리나라로 다가오면?

시베리아 벌판은 생각만 하여도 코끝이 얼어붙는 것 같다. 시베리아 벌판과 견줄 바는 아니지만, 어린 시절 겨울철의 등굣길도 그에 버금가는 듯하게 느껴졌다. 학교가 서쪽 방향에 있어서 이른 아침마다 훤하게 트인 벌판을 걷다 보면 코끝은 물론 손끝 발끝이 다 얼어붙는다. 그러다 눈보라라도 마주하게 되면 '여기가 시베리아인가' 하는 생각이 절로 든다. 그러나 진정한 추위는 역시 강원도 골짜기에서 겪었다. 털이 달린 군복을 입고 있어도 가슴속으로 파고드는 한기는 어린 시절의 등굣길과 차원이 달랐다.

시베리아 벌판에서 기단이 강하게 발달하는 시기는 주로 겨울이다. 시베리아 지방은 위도가 높아서 겨울철로 접어들면 낮의 길이가 짧아진다. 그러므로 지표면이 받는 태양 에너지 자체가 적어질 뿐만 아니라 지표면에 덮인 눈이 그마저도 반사시킨다. 게다가 밤에는 냉각이 일어나므로 겨울철의 시베리아 벌판은 무척 춥다. 또한 시베리아 벌판은 바다에서 멀리 떨어져 있어서 건조하다. 시베리아의 공기가 우리나라에 직접 영향을 미칠 때는 전국이 꽁꽁 얼어붙는다. 이때 대부분 지방이 건조하지만, 전라도와 충청도의 서해안과 도서 지역에는 많은 눈이 내리기도 한다.

시베리아 기단이 직접 영향을 미칠 때는 강풍이 불어 섬 지방의 교통이 두절되는 경우가 흔하다. 이런 강한 바람은 우리나라 주변의 대륙과 태평양 사

북서 계절풍이 강하게 부는 날의 바다 시베리아 기단이 확장하면서 해상에 폭풍주의보가 내려지면, 먼 바다에서 조업하던 배들이 포구 가까이의 풍랑이 약한 곳을 찾아 몰려든다. 사진에서 바로 앞쪽 바다보다 배가 많이 모여 있는 곳이 잔잔한 것을 볼 수 있다(제주도 남쪽 해안, 2008. 1).

이의 온도 차이가 크기 때문에 발생한다. 이럴 때는 섬 지방으로 여행을 떠났던 사람들이 집으로 돌아가지 못하여 발을 동동 구르고, 해안가의 포구에는 바다로 나가지 못한 고깃배가 모여들어 북새통을 이룬다. 뿐만 아니라 먼 바다에서 조업하던 배가 풍랑이 약한 곳을 찾아 몰려들기도 한다.

시베리아 기단은 가장 오랜 기간 동안 우리나라의 날씨에 영향을 미친다. 대체로 늦장마가 끝날 때부터 이듬해 오호츠크 해 기단이 영향을 미치기 시작할 때까지 그 힘을 발휘한다. 때로는 장마가 시작되기 직전까지 영향을 미치기도 한다. 시기적으로 보면, 9월 하순부터 이듬해 5월 초순 사이이다. 그 중에서도 강하게 영향을 미칠 때는 12월부터 다음해 2월까지이며, 가장 강하게 영향을 미치는 시기는 1월이다. 시베리아 공기가 다가오는 기간에는 늘 선선하며, 한겨울에 가까울수록 추워진다.

9월에도 시베리아 벌판으로부터 다가온 공기가 우리나라 날씨에 영향을 미치지만, 이때는 시베리아 기단이 강하게 발달하는 것은 아니므로 쉽게 성질이 바뀐다. 그렇지만 시베리아 벌판의 공기가 다가올 때면, 전날까지 무덥다가도 갑자기 서늘해지기도 한다.

가을에 접어들면서 날씨가 갑자기 선선해지고 쾌청한 것은 시베리아 벌판

초가을 시베리아 기단의 영향으로 나타나는 쾌청한 날씨 초가을의 시베리아 기단은 쾌청한 날씨를 만들어 작물의 성장과 수확에 도움을 준다. 나주에서 멀리 월출산이 뚜렷하게 보인다(전남 나주, 2007. 10).

에서 만들어진 공기의 영향을 받기 때문이다. 가을의 쾌청한 날씨는 농작물의 수확에 큰 도움을 준다. 가을이 되었는데도 많은 비가 쏟아진다면 흉년이 든다. 가을의 폭우는 벼와 과일 등의 수확에 치명적이다.

이른 봄에도 우리나라는 시베리아에서 오는 공기의 영향을 받는다. 봄이 되면 태양고도가 높아지면서 대륙이 데워지므로 시베리아 기단이 발달한다 하여도 그리 강하지 않다. 봄에는 포근한 날씨가 이어지다 갑자기 추위가 찾아오기도 한다. 이런 추위를 꽃을 시샘하는 것이라 하여 '꽃샘추위'라고 한다. 꽃샘추위는 봄철에 시베리아 기단이 강화되어 나타난다. 그렇지만 그런 추위가 오랫동안 지속되지는 않는다. 이 무렵 야외로 나가 보면 여기저기에

꽃샘추위가 나타날 무렵의 산과 개울 이른 봄, 먼 산에는 하얗게 눈이 쌓여 있지만 골짜기의 개울은 이미 봄을 맞고 있다. 이 무렵 시베리아 기단이 강화되면 꽃샘추위가 나타난다(전북 남원, 2006. 3).

서 꽃이 피어나고 있으며, 먼 산에는 눈이 쌓여 있지만 골짜기의 개울에는 새 생명이 움트고 있다.

오호츠크 해의 공기가 우리나라로 다가오면?

주변 산지에 쌓였던 눈이 녹은 찬 물이 오호츠크 해로 흘러들 때에 오호츠크 해 기단이 발달한다. 그러므로 우리나라는 시베리아 지방의 눈이 녹기 시작하는 늦은 봄에 오호츠크 해 기단의 영향을 받는다.

오호츠크 해 기단이 우리나라로 다가오면 전국적으로 선선하고 쾌청한 날

오호츠크 해 기단의 영향으로 쾌청한 하늘 오호츠크 해 기단이 영향을 미치는 날에는 서울에도 모처럼 쾌청한 날씨가 나타난다(서울, 2006. 6).

씨가 나타난다. 이런 날 높은 곳에 올라가면 아주 먼 곳까지 시원하게 조망할 수 있다. 가끔 TV 뉴스에서 개성의 송악산이 보일 만큼 시정이 좋다는 보도가 있을 때는 오호츠크 해 기단이 영향을 미치고 있는 날이다. 즉 동쪽의 바다에서 깨끗한 공기가 다가오기 때문이다. 그러나 이때 동해안은 흐리고 비가 내린다. 심할 때는 아주 음산한 날씨가 나타난다.

오호츠크 해 기단이 영향을 미칠 때, 동해안은 기온이 낮지만 영서 지방은 기온이 높다. 이때 강릉에서는 단오제가 한창이다. 단오제를 구경하러 온 영서지방 주민들의 복장은 한여름에 가깝다. 그러나 강릉의 날씨는 선선하여 방심하면 감기에 걸리기 쉽다.

동해안에서 비를 내린 공기가 태백산맥을 넘어서면 건조한 상태가 된다. 이런 상태가 오랫동안 지속되면 농사에 피해를 준다. 이럴 때 밭작물에는 스프링클러를 이용하여 물을 주어야 한다. 요즘에는 어디서나 가뭄이 길어지면 밭에 스프링클러를 가동한다.

북태평양의 공기가 우리나라로 다가오면?

북태평양 기단은 우리나라의 여름철 날씨에 영향을 미친다. 북태평양의 공기는 온도가 높고 습기가 많다. 그러므로 북태평양 기단의 영향을 받는 한여름에는 나무 그늘에 앉아 있어도 끈적끈적한 느낌이 든다.

북태평양 기단은 우리나라로 이동해 오는 도중에 뜨거운 쿠로시오 난류 위를 지난다. 그 여정에서 바다에서 증발하는 수증기를 얻게 된다. 이 기단은 안정적인 것이지만 쿠로시오 난류를 지나면서 불안정한 상태로 바뀐다. 공기보다 바닷물의 온도가 더 높은 상태이기 때문이다. 하층 공기의 온도가 높

불안정한 기단에서 발달하는 적란운 공기가 불안정할 때는 적란운이 쉽게 발달하면서 소나기나 우박을 내리기도 한다.

고 상층의 온도가 낮으면 대류가 활발하며, 이런 상태의 공기를 불안정한 공기라고 한다.

불안정한 공기에서는 상승기류가 쉽게 발생하여 곳곳에 뭉게구름이 발달한다. 뭉게구름이 높게 발달하면 늦은 오후나 저녁 무렵에 소나기가 내리면서 더위를 식혀 주기도 한다. 소나기는 '지나가는 비' 라고도 불릴 만큼 잠시 내린 후에 쉽게 갠다.

우리의 여름보다 더 무더운 열대 지방에서는 오후 3시경에 소나기와 비슷하지만 훨씬 강한 스콜이 쏟아진다. 배수 시설이 좋지 않은 곳에서는 금세 도로에 물이 넘쳐난다. 열대 지방의 가옥 바닥을 높게 하는 것은 이런 스콜

열대 지방의 고상 가옥 무더운 열대 지방에서는 가옥의 바닥을 높게 하여 스콜로 집이 물에 잠기는 것과 지열이 집 안으로 들어오는 것을 피한다(캄보디아 씨엠립, 2008. 5).

에 대비하는 측면이 있다고 한다. 스콜이 쏟아지는 곳은 어둡고 컴컴하지만 멀리는 밝은 햇빛이 비추고 있는 것을 볼 수 있다.

북태평양 기단이 영향을 미칠 때는 습도가 높기 때문에 불쾌지수가 높다. 여름철에 많은 사람들이 짜증을 내고, 시비가 발생하는 일은 모두 북태평양 기단 때문이라고 하여도 과언이 아니다. 그러나 북태평양 기단이 가져온 한여름 무더위는 벼를 성장시키는 데 큰 힘이 된다. 만약 우리나라에 한여름의 무더위가 없었다면 벼농사는 불가능하였을 것이다. 그러므로 비록 짧은 기간 동안 우리나라에 영향을 미치지만, 북태평양 기단의 영향이 중요하다.

장맛비가 만들어지는 원리는?

우리나라에 영향을 미치는 시베리아 기단과 오호츠크 해 기단은 한랭하고, 북태평양 기단은 뜨겁다. 그러므로 북쪽의 찬 공기와 남쪽의 뜨거운 공기가 만나는 곳에서 동서로 길고 폭이 넓은 구름대가 발달한다. 우리나라에 비를 자주 내리게 하는 이 구름대를 장마전선이라고 한다.

장마전선은 한대 전선의 일종으로 일 년 내내 우리나라 부근이나 그 남쪽에 자리하고 있다. 북쪽의 찬 기단인 시베리아 기단이나 오호츠크 해 기단의 힘이 강할 때는 우리나라의 훨씬 남쪽에 자리하며, 반대로 북태평양 기단의 힘이 강화되면 북상한다. 한여름 이전에 그 전선이 우리나라에 영향을 미칠

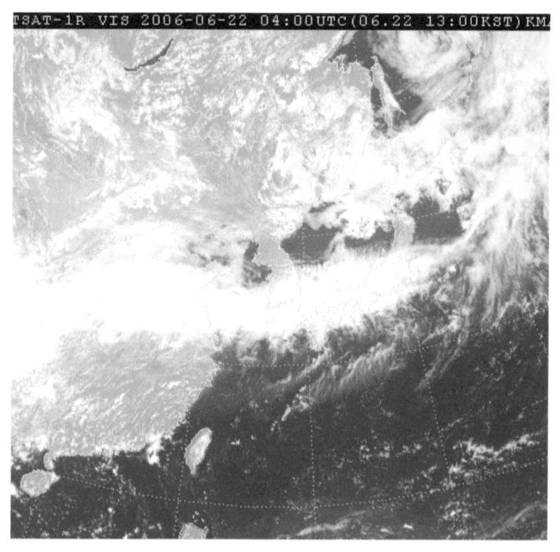

장마전선이 영향을 미칠 때의 구름 모습 우리나라 주변에 동서로 길게 구름대가 발달한 것을 볼 수 있다(기상청, 2006. 6. 22).

때 장마철이 찾아온다. 남북에 자리 잡고 있는 기단의 힘이 강하고 약함에 따라서 전선의 위치가 바뀌기 때문에 장마전선이 남북으로 이동하면서 우리나라에는 오랫동안 비가 내리는 지루한 날씨가 이어진다.

성질이 다른 공기가 만나는 면에 구름이 발달하는 것은 마치 무더울 때 시원한 물컵 주변에 물방울이 만들어지는 것과 같은 원리이다. 물이 차가울수록 컵의 물방울이 크게 발달하듯이 공기의 온도 차이가 클수록 구름도 두껍게 발달한다. 그러므로 두 공기의 온도 차이가 클수록 많은 비가 내린다.

장마철은 봄에서 여름으로 넘어가는 6월 하순부터 7월 하순까지 한 달 가까이 계속된다. 그리고 여름에서 가을로 넘어갈 때도 그 구름대의 영향을 받

무더운 공기와 차가운 물이 만났을 때 차가운 물과 무더운 공기가 만나면 컵의 표면에서 수증기압이 갑자기 낮아져 응결이 일어난다. 왼편 컵에는 차가운 물을 절반 정도 채웠고 가운데 컵에는 가득 채웠다. 둘 다 물이 있는 높이까지 응결이 일어났으며, 온도 차이가 커서 물방울이 흘러내리고 있다. 오른편 컵에는 상온의 물이 들어 있다. 공기와 온도 차이가 거의 없어서 응결이 일어나지 않았다. 공기 중에서도 찬 공기와 더운 공기가 만나면 비슷한 이유로 응결이 일어나 구름이 발달한다(2008. 7. 8. 기온 31℃).

는다. 이때는 늦장마라고 부르며, 홍수가 발생하기 쉬운 시기이다. 여름이 끝날 무렵에는 장맛비와 소나기 등으로 땅이나 저수지 등에 물이 차 있는 상태이다. 그러므로 8월 말에서 9월 초 사이에는 조금만 큰 비가 내려도 쉽게 홍수가 발생한다.

여름에서 가을로 넘어갈 무렵에는 적도 지방의 공기가 다가오기도 한다. 바로 태풍에 의해서이다. 태풍은 강한 바람과 함께 큰 비를 몰고 온다. 이때 동해안과 남해안에서는 태풍으로 인하여 큰 피해를 입기도 한다.

2부

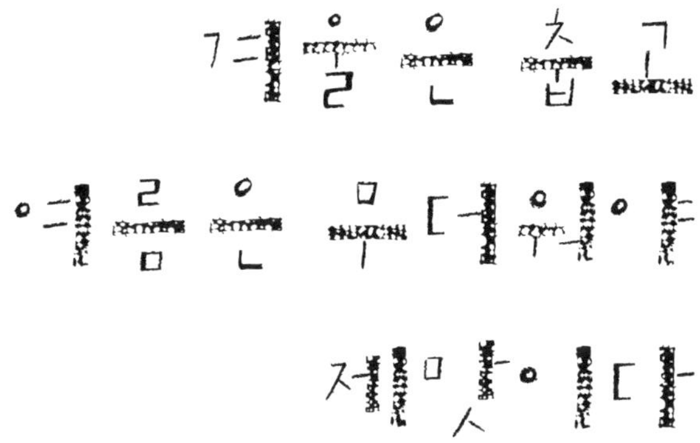
겨울은 춥고
여름은 무더워야
제맛이다

05

겨울은 추워야 제맛이다

어느 계절이든 그 계절다울 때 가장 가치 있다. 추울 때는 추워야 하고 더울 때는 더워야 제맛이다. 그중 '겨울은 추워야 제맛'이라는 말은 보리농사와 관련이 있는 듯하다. 겨울이 따뜻하면 보리가 웃자랄 뿐만 아니라 병해충이 월동하여 그해의 농사를 망칠 수 있다.

시골 아이는 겨울을 기다렸다. 말할 것도 없이 긴 방학 때문이다. 게다가 방학이 시작될 무렵에 즐거운 일도 많았다. 김장 담그기, 메주 콩 삶기, 팥죽 끓여 먹기 등이 이어진다. 이 모든 것이 시골 아이들에겐 즐거움이었다. 늘 꽁보리밥만 먹다가 특별한 것을 자주 먹을 수 있다. 그때 만들어진 메주는 겨울 내내 처마에 매달았다가 안방 아랫목에서 띄운 후 이듬해 봄에 장을 담는 독으로 들여보낸다.

겨울이 다가오면 아주 싫은 일도 있었다. 시골 학교에서는 겨우내 교무실에서 땔 솔방울이 필요하였다. 어린아이들의 경쟁심을 자극하려는 의도였는지 몰라도, 학교에서는 마을별로 솔방울을 모아 오게 하였다. 항상 선배

겨울을 나고 있는 메주와 고드름 겨울을 넘기고 새 봄을 맞으면 안방 대신 처마 밑에 걸려 있는 메주로 장을 담근다. 눈이 쌓인 지붕의 처마에는 고드름이 자라고 있다(강원 양양, 2003. 1).

학년은 솔방울을 많이 모으라고 후배들을 닥달하였다. 참으로 싫은 일이었다. 당시만 하여도 긴 겨울을 난다는 것이 그리 만만한 일이 아니었다. 처음 서울을 방문하였을 때 교실 창문에 나와 있는 연통을 보면서 신기해한 적이 있었다. 당시 제주에는 학생들이 공부를 하는 교실에는 난로가 없었다. 그러나 이제는 그런 연통 또한 서울에서 볼 수 없는 옛 풍경이 되고 말았다.

'겨울' 하면 떠오르는 여러 가지가 있다. 스케이트나 썰매를 타고 동네 논이나 언덕길을 내달리는 어린아이들, 하얀 눈이 소복하게 쌓여 있는 장독대, 처마 끝에 달려 있는 고드름, 늦은 밤 도서관을 나오다 어묵 국물을 떠먹던 기억, 화롯불에 모여 앉아 김치에 군고구마를 먹던 추억 등등 이 모든 것들

겨울철의 논 기온이 하강하면서 물이 얼기 시작하면 논에 물을 가두고 스케이트장으로 활용한다(강원 철원, 2007. 12).

은 추울 때만 가능한 것이다.

겨울이 더워진다면, 썰매를 탈 수도 없고 처마에 고드름이 달리지도 않고 눈이 쌓일 리도 없다. 우리가 알고 있는 겨울의 풍경은 모두 춥기 때문에 볼 수 있다. 그래서 겨울은 추워야 제맛이 난다. 요즘은 겨울이 되어도 추워지지 않는다고 난리이다. 새삼스레 겨울은 추워야 제맛임을 실감하고 있다.

겨울에는 왜 추울까

사전을 찾아보면, 겨울은 낮이 짧고 추운 계절이라고 한다. 겨울이 되면 낮이 짧고 밤이 길어져 태양열을 많이 받지 못하기 때문에 추울 수밖에 없다. 물론 그것만은 아니다. 겨울철에 우리나라를 덮고 있는 공기도 그 어느 곳보다도 추운 시베리아에서 불어온 찬 공기이다.

겨울이 되면서 태양고도가 낮아지고 낮의 길이가 짧아지면, 시베리아 벌판이 빠르게 식어 간다. 반면, 우리나라 남쪽의 태평양은 서서히 식기 때문에 시베리아 평원의 기온이 북태평양의 수온보다 훨씬 낮다. 기온이 낮은 대륙에서는 무거워진 공기가 지표 부근에 계속 쌓이면서 공기 밀도가 높아진다. 이렇게 주변보다 공기 밀도가 높은 것을 고기압이라 하며, 바로 이것이 우리 겨울철을 지배하는 시베리아 고기압이다.

공기는 밀도가 높은 차가운 곳에서 밀도가 낮은 따뜻한 곳으로 이동한다. 겨울철에 우리나라는 그 차가운 시베리아 공기가 태평양 쪽으로 이동하는 통로에 해당한다. 시베리아 기단이 직접적으로 우리나라로 세력을 확장할 때는 강한 바람과 함께 영향을 미치므로 시베리아 벌판이 연상될 만큼 혹독한 추위가 찾아온다. 그럴 때는 지역에 따라 차이가 있으나 전국적으로 매서

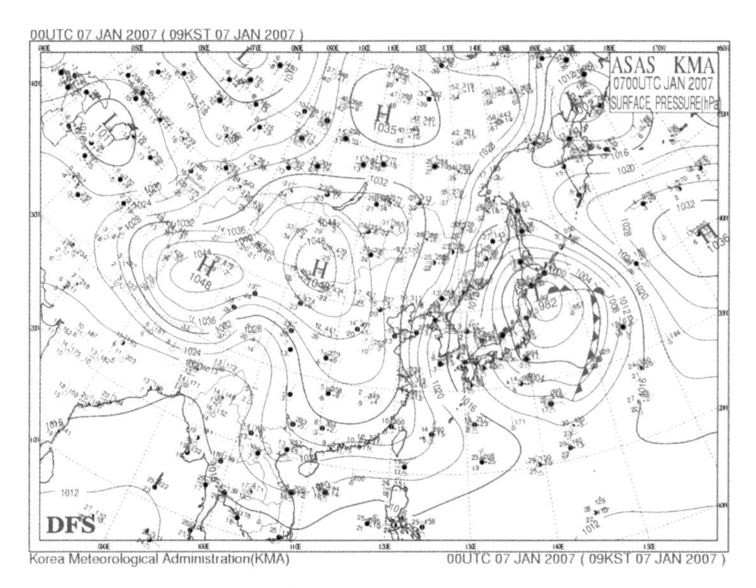

시베리아 기단이 영향을 미칠 때의 일기도 시베리아 기단이 영향을 미칠 때는 우리나라 주변에 서고동저의 기압 배치가 나타나며, 북서 계절풍이 강하게 불어온다(기상청, 2007. 1. 7).

운 한파가 몰아친다. 전날에 비하여 급격하게 기온이 떨어질 때는 기상청에서 한파주의보를 발표한다. 그러나 최근에는 지구 온난화의 영향으로 혹독한 추위의 매운 맛이 한결 꺾인 것 같다. 한파주의보가 발령되었다는 뉴스를 듣기도 어렵다.

겨울 내내 시베리아에서 찬 공기가 유입된다면 우리의 겨울은 견디기 어려울 만큼 추울 것이다. 다행히도 지속적으로 추위가 찾아오는 경우는 흔치 않다. 기단이 만들어지려면 일정 수준으로 공기가 쌓여야 한다. 시베리아 기단이 만들어지는 데는 적어도 일주일 정도의 기간이 필요하다. 그래서 겨울철의 날씨는 대체로 일주일을 주기로 바뀐다.

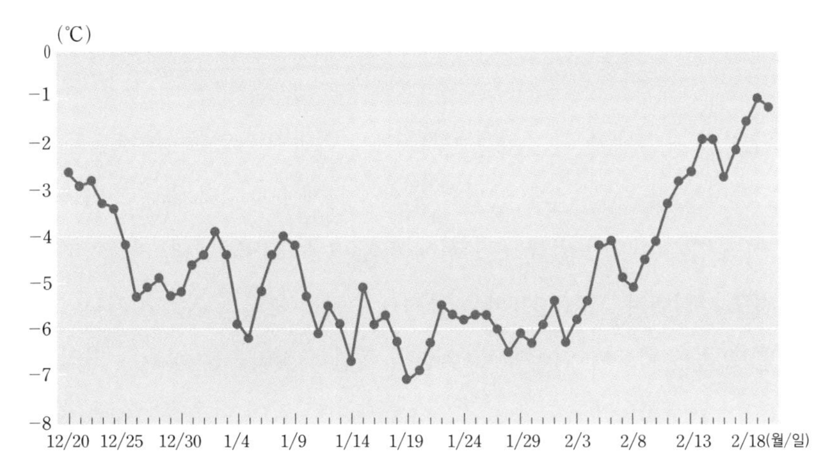

겨울철 기온의 변화 겨울에는 대략 일주일을 주기로 기온이 오르내리기를 반복하면서 삼한사온 현상이 나타난다(강원 홍천, 1971~2000년 평균).

시베리아 벌판에서 만들어진 기단이 이동하면, 그 성질이 바뀌기 시작한다. 이동하면서 성질이 변질된 시베리아 기단을 이동성 고기압이라고 부른다. 이동성 고기압의 영향을 받을 때는 겨울이라 하더라도 비교적 따뜻하다. 이동성 고기압과 새로 만들어진 시베리아 기단 사이에 저기압이 발달한다. 마치 산과 산 사이에 골짜기가 있는 것과 같다. 저기압이 영향을 미칠 때는 비나 눈이 내린다. 그래서 시베리아 기단이 직접 영향을 미치는 3일은 춥고, 이동성 고기압과 저기압이 영향을 미치는 4일 정도는 따뜻하여 우리나라 겨울철의 특징인 삼한사온(三寒四溫)이 나타난다.

요즘 매스컴에서는 삼한사온이 나타나지 않는다고 야단일 때가 많다. 이한오온(二寒五溫)이니, 일한육온(一寒六溫)이니 하고 떠든다. 그러나 이런 논쟁은 아무런 의미가 없다. 날씨의 변화에 민감한 삶을 살았던 우리의 선조는 겨울철의 기압계 이동 주기가 일주일 정도라고 깨닫고 있었다. 그래서 대략 겨울 날씨가 3일은 춥고 4일은 따뜻하다고 느꼈던 것이다. 엄밀하게 따져 보면, 반드시 그렇게 되는 경우는 과거에도 흔하지 않았을 것이다.

최근 들어서 전 지구적으로 온난화 문제가 크게 부각되고 있는 것이 사실이다. 여러 가지 이유가 있겠지만, 전에 비하여(특히 1960년대) 겨울이 따뜻해진 것도 사실이다. 1960년대에는 날씨가 추워서 학교가 쉬었던 기록이 많았지만, 요즘은 학교가 쉬어야 할 만큼의 혹한이 찾아오는 경우는 거의 없다. 심지어 겨울철임에도 엄동설한(嚴冬雪寒)이란 말이 어울리지 않을 때가 많다. 한강이 얼어붙는 일도 점차 보기 드문 일이 되어 가고 있다. 1970년대

한강 결빙 관측 지점 한강의 결빙은 한강대교 북단에서부터 3번과 4번 교각 사이에서 상류로 100~200m 지점의 얼음 유무로 판단한다. 두 교각 사이로는 유람선이 통과한다(서울 한강대교, 2008. 1).

에 한강은 12월 하순이 되면 얼어붙기 시작하였다. 그러나 오늘날 한강은 언다고 하더라도 한겨울이 절정에 이른 1월 중순 이후에나 가능한 일이다.

겨울이 추워야 제맛이 난다!?

정말 겨울은 추워야 제맛이 날까? 요즘도 그렇게 생각하는 사람이 있을까 싶지만, 어느 계절이든 그 계절다울 때 가치가 있다. 추울 때는 추위가 있어야 하고 더울 때는 더위가 있어야 제맛이기 마련이다. 추위든 더위든 그곳에 사는 사람들은 모두 그 시기에 맞는 날씨에 대비하고 있으니 당연한 것이다.

'겨울은 추워야 제맛' 이란 말은 이모작으로 행하여지는 겨울철의 보리농

겨울철의 보리밭 겨울철 보리밭에 눈이 많이 쌓여야 풍년이 든다고 한다. 눈은 추운 겨울에는 보온 역할을 하고 봄이 되면 녹으면서 수분을 공급한다(전북 김제, 2005. 12).

사와 관련이 있는 것 같다. 겨울이 춥고 눈도 많이 쌓여야 그해의 보리농사가 풍년이다. 겨울이 따뜻하면, 보리가 웃자랄 뿐만 아니라 병해충이 월동하기 때문에 그해의 농사를 망칠 수 있다. 웃자란 보리는 추위에 적응하지 못하여 강한 꽃샘추위라도 만나면 얼어 죽는다. 보리밭에 덮여 있는 눈은 추위로부터 보리를 보호해 주고, 봄이 되면 녹으면서 적당하게 수분을 공급해 준다. 보리가 한창 자라고 있는 봄철은 연중 가장 건조한 때이므로 물 부족을 겪기 쉬운 시기이다. 어렸을 적에 한라산 백록담에 오월까지 눈이 있어야 풍년이란 소리를 여러 번 들었다. 아마도 그 눈이 녹아내리면서 저지대의 보리밭에 수분을 공급해 주기 때문에 나온 말이었으리라.

겨울철의 어린 나무 겨울 동안 나무 줄기에 짚을 감고 그 주변에 짚을 덮어 놓으면, 한기로부터 나무를 보호할 뿐만 아니라 해충이 몰려들어 그것을 박멸하기에 유리하다(경북 영주, 2008. 2).

겨울철이 되면 나무의 줄기에 짚을 감아놓는다. 이는 나무를 한기로부터 보호해 주는 역할도 하지만, 해충의 박멸효과도 있다. 추운 겨울 동안 나무 가까이에 있는 해충이 짚 속으로 몰려든다. 봄이 되어 그 짚을 모두 걷어 내어 태우면 해충도 같이 사라진다. 이것 역시 겨울이 추워야 제 효과를 볼 수 있다. 날씨가 추울수록 많은 해충이 따뜻한 곳을 찾아 들어갈 것이다.

요즘은 겨울이 추워야 제맛을 찾는 사람이 많을 것이다. 두꺼운 모피를 팔려면 추워야 한다. 모피뿐만 아니라 겨울용품을 판매하는 회사에서는 겨울 추위를 미리 잘 파악하고 대비해야 큰 이득을 남길 수 있다. 스키장에도 추워서 눈이 많이 쌓여야 장사가 잘 된다. 겨울이 따뜻하면 스키장에 눈이 쌓인다 하여도 쉽게 녹아 버리므로 인공 눈을 뿌려 주어야 한다. 난방 기구를 판매하는 사람들 역시 날씨가 추워지기만을 고대할 것이다. 그렇지만 서민들이야 어디 그런가? 서민들에게는 춥지 않은 겨울이 훨씬 낫다. 이제는 보리농사도 점차 줄고 있고, 아무래도 겨울은 추워야 제맛이라는 말은 옛말이 되지 않을까 하는 생각이다.

06

봄이 되면 마음이 들뜬다

봄이 오면 산과 들에 꽃이 피면서 마음이 설렌다. 그 설렘은 나이가 많건 적건, 남자이건 여자이건 가리지 않는다. 이러한 봄에는 꽃샘추위에서부터 가뭄, 높새 현상, 황사 등등 다양한 날씨가 나타난다. 이는 우리나라에 영향을 미치는 공기가 다양하기 때문이다.

봄이 오면 산과 들에 꽃이 피면서 마음을 설레게 한다. 그 설렘은 나이가 많건 적건, 남자이건 여자이건 누구에게나 다 찾아온다. 그래서 '봄' 하면 두근거리는 심장이 가장 먼저 떠오르는 것 같다. 우리는 봄을 이야기할 때 '심장이 고동치는 청춘'에 빗대기도 한다. 추위에 억눌려 있던 것에 대한 해방감 때문에 마음이 들뜨는지도 모르겠다.

많은 사람들은 '봄' 하면 '꽃 피는 산골'을 떠올릴 것이다. 실제로 봄에 들판을 나가 보면 어디든지 울긋불긋하다. 봄철 인기 높은 관광지인 섬진강변에 자리한 광양의 다압면이나 구례의 산동면 등은 모두 아름다운 봄꽃으로 이름난 동네이다. 이른 봄 다압면은 하얀 매화꽃으로, 산동면은 노란 산수유

매화꽃이 피어 있는 마을 봄이 되면 남녘에서부터 꽃 소식이 전해지기 시작하는데 매화꽃이 그 주인공이다(전남 광양, 2006. 3).

봄을 알리는 부지런한 농부와 누렁이 이른 봄 땅이 녹기 시작하면 부지런한 농부가 새봄이 왔음을 알린다. 누렁이는 겨울 동안 일을 많이 하지 않아서인지 아주 힘들어 보인다(강원 영월, 2008. 4).

꽃으로 온 동네가 뒤덮인다. 봄꽃 소식이 한창일 무렵, 안동에서 영덕 방향으로 황장재라는 고개를 넘어서면 온 동네가 복사꽃으로 울긋불긋하다.

그런 관광지에서 한 걸음만 더 안으로 들어가면, 부지런한 농부가 몰고 있는 소의 목에서 워낭소리가 들려온다. 이제 완연한 봄인 것이다. 메말라 있던 누런 밭도 푸릇푸릇하기 시작한다.

도시의 가까운 곳에서도 봄 향기를 전하는 것이 많다. 강변이나 아니면 조금이라도 풀이 자라는 곳이라면 동네 아낙들이 옹기종기 모여들어 봄나물을 뜯는다. 이 역시 추위에 억눌린 생활에서 벗어나 봄이 왔음을 알리는 것이다.

봄 날씨는 여자 마음 같다고!?

여자의 마음이 어떻다는 것인가? 변덕이 심하다는 것인가, 아니면 다양하다는 것인가. 대전에서 군대의 후보생이던 시절이다. 훈육관들은 약올리기라도 하듯 '대전의 날씨는 여자 마음과 같다'는 소리를 자주 하였다. 그 말 속에는 변덕스러운 날씨가 포함되어 있었다. 그래서 어리석게도 아침에 맑은 하늘을 바라보며 비라도 쏟아지길 기대했던 적이 한두 번이 아니었다. 그러나 우리나라의 날씨가 그 정도로 변덕스러운 것은 아니다.

공군에서 기상장교로 지내던 시절의 봄은 그리 반갑지 않았다. 새벽 3시의 일기도를 이용하여 5시 이전에 그날의 1차 예보를 내야 했다. 당시만 해

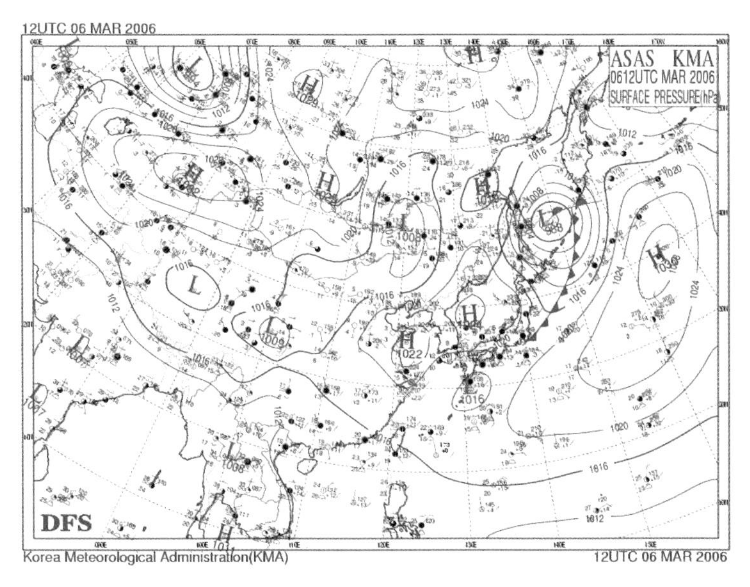

우리나라 주변의 봄철 일기도 봄철 일기도는 우리나라 주변의 기압계가 복잡한 것이 특징이다(기상청, 2006. 3. 6).

도 일기도를 분석하려면 기상병이 텔레타이프로 기상 전문을 받아서 일기도에 기입해야 하던 시절이다. 전문이 잘못되기라도 하면 이 부대 저 부대로 전화하여 잘못된 것을 고치거나 빈 곳을 채워야 했다. 그러다 보면 새벽 4시 반이 넘어야 기입이 끝난 일기도가 예보자 손에 쥐어진다.

문제는 그 후부터이다. 일기도가 복잡하여 분석이 쉽지 않은 데다 5시를 넘기면서부터는 여기저기서 예보를 문의하는 전화가 걸려오기 시작한다. 예보자는 땀을 뻘뻘 흘리면서 일기도를 분석하지만 그것이 쉽지 않다. 등압선이 복잡하기 때문이다. 봄철 우리나라 주변의 기압 배치가 그렇게 복잡하단 소리이다. 겨울철에 아주 단순한 경우는 고기압, 저기압 도장을 대여섯 개만 찍어도 일기도가 완성된다. 그러나 봄철 일기도에는 몇십 개가 넘는 도장을 찍어야 한다. 그러고도 분석 후에 보면 실수한 것이 있기 마련이다.

일기도가 그러하니 예보도 쉽지 않다. 우리나라 가까이에 자리 잡은 기압계 가운데 어떤 것이 우리나라에 영향을 미칠까를 판단하는 것이 그 어느 계절보다도 어렵다. 그러니 예보가 틀리는 경우도 허다하였다.

우리나라의 봄철 날씨는 다양하다. 꽃샘추위에서부터 가뭄, 높새, 황사, 바닷가의 해무 등등. 이는 우리나라에 영향을 미치는 공기가 다양하기 때문이다. 우선 봄철에도 겨울철에 이어 시베리아 기단이 영향을 미친다. 그렇지만 겨울철과 달리 그 힘이 약하여 성질이 쉽게 변질된다. 같은 시베리아 기단이어도 직접 영향을 미칠 때와 변질된 상태에서 영향을 미칠 때의 날씨가 다르다. 또한 늦은 봄이 되면 오호츠크 해 기단이 세력을 확장하기 시작한다. 그러면서 온대성 저기압도 빈번하게 우리나라를 지나간다.

봄철에는 주로 이동성 고기압이 영향을 미치지만, 이른 봄에는 일시적으

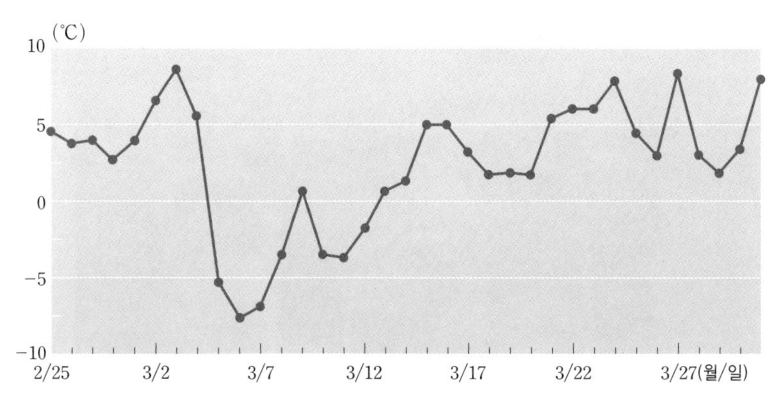

봄철 최저 기온의 변화 이른 봄에 포근한 날씨가 이어지다 갑자기 영하의 기온으로 떨어지면서 추위가 찾아오는데 이를 꽃샘추위라고 한다(서울, 2007년).

로 시베리아 기단의 힘이 강화되기도 한다. 이럴 때면 마치 겨울로 다시 돌아간 느낌이 든다. 특히 2월 하순부터 포근한 날씨가 지속되다가 새 학기가 시작될 무렵에 갑자기 꽃샘추위가 찾아오면 몸은 더욱 움츠러든다. 이때 어린아이들이 입는 옷은 마치 한겨울을 연상하게 할 정도이다. 동네의 소아과 의원에는 어린이 환자가 북적거린다.

날씨와 관련된 우리 속담 중에는 '2월 바람에 김칫독이 깨진다' 는 것과 '꽃샘에 설늙은이 얼어 죽는다' 는 이야기가 있다. 여기서 2월은 음력이므로 대략 이른 봄에 해당한다. 그만큼 꽃샘추위가 매섭다는 이야기이다. 바람신이 샘이 나서 꽃을 피우지 못하도록 차가운 바람을 부는 것이 꽃샘이라고 전해진다. 꽃샘추위는 2월 말부터 3월 초순 사이에 빈번하지만, 개나리와 진달래 등의 봄꽃이 막 피어나려고 하는 3월 중순부터 4월 초순 사이에도 매스컴에 자주 오르내린다.

초등학교 입학식 초등학교 입학식 무렵이면 며칠 동안 포근하던 날씨가 갑자기 추워지면서 꽃샘추위가 찾아와 학교생활을 처음 시작하는 아이들을 움츠러들게 한다(서울, 2003. 3).

꽃샘추위는 꽃이 피는 시기를 늦출 뿐 아니라, 농사 시기에도 영향을 미친다. 꽃샘추위는 일종의 이상저온에 해당하는 것으로, 늦봄에 나타나면 일찍 싹이 트기 시작한 농작물에 냉해를 입힐 수 있다. 만약 꽃샘추위로 늦서리라도 내리면 어린 모종은 치명적이다. 관련 기관에서는 농작물 보온을 당부해 보지만, 온실이 아닌 노지 작물이라면 어쩔 도리가 없다. 그러니 농부들도 과거의 기후 자료를 잘 이용하여 농사 시기를 결정할 수밖에 없다.

봄에는 왜 산불이 많을까

어느덧 산불은 '봄의 전령사' 라도 된 듯 봄철만 되면 찾아온다. 그 규모도 동네의 작은 산불이 아니라 온 국민을 긴장시킬 정도로 커졌다. 강원도의 동해안에서 큰 산불이 자주 발생하여 매스컴의 주목을 받기는 하였지만, 동네를 가릴 것 없이 봄에는 산불이 쉽게 발생한다. 동시 다발적으로 여러 곳에서 산불이 발생하여 출동할 소방 헬기조차 부족할 때도 있다. 건조한 겨울을 지나면서 산천초목이 마를 대로 말라 있는데 기온이 서서히 상승하면서 상대습도가 낮아진다. 이럴 때 조그만 불씨라도 잘못 다루면 큰 산불이 시작될 수 있다.

봄철에 우리나라에 영향을 미치는 이동성 고기압은 빠른 속도로 서쪽에서 동쪽으로 이동한다. 그러므로 봄철의 날씨가 빠르게 바뀐다. 이동성 고기압이 지나면 그 뒤로 온대성 저기압이 쫓아오고, 다시 그 뒤로 이동성 고기압

봄철의 숲 겨울을 넘긴 산천초목은 모두 마를 대로 말라 있어 조그만 불씨라도 닿으면 큰 불이 될 수 있다(전북 장수, 2008. 4).

이 따라오는 것이 봄철의 일반적인 날씨이다. 이럴 때는 날씨가 명확하게 바뀌는 것도 아니어서 '꾸물거린다'는 표현이 적당하다. 비가 올듯하면서도 내리지 않아 봄 가뭄을 초래한다. 산불 소식이 전해지는 것도 이럴 때이다.

봄철에는 대기가 건조한 상태이므로 오후가 되면 지역 간에 가열되는 정도의 차이가 크다. 그로 인한 온도 차이는 큰 바람을 일으키는 힘이 되어 봄철 오후에 일시적으로 강풍이 분다. 이럴 때 큰 강의 다리를 건너다 보면 자동차가 휘청거리는 것을 느낄 수 있을 정도이다.

봄철의 강풍은 산불을 확대시키는 역할을 한다. 그동안 영동지방의 산불이 커진 것은 이런 강풍이 불을 쉽게 옮겼기 때문이다. 게다가 서쪽에서 바람이 불어오므로 동해안의 공기가 태백산맥의 서쪽 지방보다 건조한 것도

봄철의 산불 흔적 동해안에서는 최근 큰 산불이 자주 발생하여 곳곳에 민둥산을 남겨 놓았다(강원 삼척, 2001. 8).

한몫을 하였다. 최근 동해안에서는 큰 산불로 인해 민둥산으로 변해 버린 곳이 자주 눈에 띈다. 산불은 수십 년간 키워 온 숲을 한순간에 눈앞에서 앗아가 버려 그곳의 땅을 빗물에 쉽게 노출시킨다. 그런 곳에서는 산불이 지나고 난 후 여름에 큰비가 내리면 산사태로 이어질 수 있다.

황사의 계절

산불이 자주 발생할 무렵, 상층의 바람이 강해지면 봄철의 불청객인 황사가 우리나라에 영향을 미친다. 우리나라의 황사는 중국의 황토고원이나 고비 사막 등에서 발생한 미세한 황토가 날아온 것이다. 그곳에 강풍이 불거나 저기압이 지나면 상승기류에 의하여 황토가 상승한다. 이때 상층의 강한 바

봄철의 불청객인 황사 봄철 상층에 강한 바람이 불 때는 중국의 황토 지대나 고비 사막 등에서 발생한 황사가 우리나라에 영향을 미친다(서울, 2006. 4).

람이 우리나라까지 황토를 운반한다. 그 바람이 강할수록 멀리까지 운반한다. 황사는 우리나라는 물론 일본과 멀리 하와이까지 나타나기도 한다. 황사의 '사'는 모래를 뜻하는데 모래가 그 먼 곳에서 우리나라까지 날아오긴 어렵다. 그렇다면 황사보다 '황진(黃塵)'이라고 하면 어떨까 생각해 본다.

황사는 시정을 크게 떨어뜨리므로 스모그와 더불어 사람들의 마음을 답답하게 한다. 황사에 포함된 미세한 먼지 입자는 정밀 기계에 나쁜 영향을 미칠 수 있다. 뿐만 아니라 황사에는 인체에 해로운 물질이 포함되어 있는 경우가 대부분이다. 그러므로 황사가 발생하였을 때는 야외 활동을 삼가라는 기상청의 예보를 들을 수 있으며, 심할 때는 휴교도 한다.

황토 지대의 식목 사업 건조한 황토 지대에서는 황사 방지를 위하여 피나는 식목 사업을 하고 있다. 사진에 막대기를 꽂아 놓은 듯한 것이 새로 심은 나무이다. 황토 위를 걸으면 마치 곱게 갈아 놓은 밀가루 위를 걷는 듯 황토가 날린다(중국 란저우, 2007. 6).

최근 우리나라에 나타나는 황사의 강도가 점점 더 세지고 있다. 이는 지구 온난화와도 관련이 있다는 연구 결과가 있어서 황사의 강도는 더 세질 수 있다. 우리나라와 중국, 일본 등은 황사 문제에 대처하기 위해 공동으로 노력하고 있으며, 우리나라의 NGO에서는 황사 발생 지역에 나무심기 등의 활동을 하고 있다. 중국의 황토 지대에서는 황사를 막기 위한 노력이 꾸준히 이어지고 있다.

늦은 봄인데도 영동지방은 선선하다

황사가 우리나라에서 자취를 감추려 할 무렵이면 서서히 북동쪽에서 바람

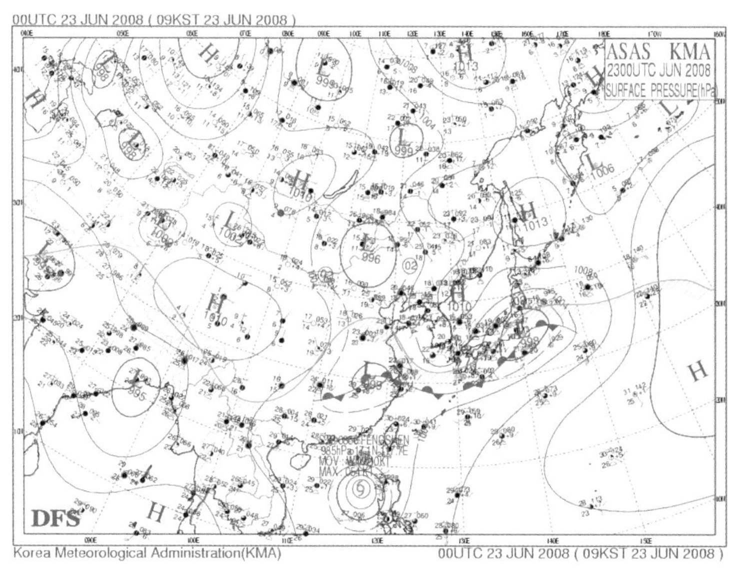

오호츠크 해 기단이 영향을 미칠 때의 일기도 오호츠크 해 기단이 영향을 미칠 때는 우리나라의 북동쪽에 강한 고기압이 자리 잡고 있어서 전국적으로 북동풍이 불어온다(기상청, 2008. 6. 23).

이 불어오는 날이 많아진다. 이 북동풍은 오호츠크 해 기단에서 불어오는 바람이다. 오호츠크 해는 여전히 차가운 상태여서 늦은 봄이지만 북동풍이 서늘하게 느껴진다. 이 무렵 영동지방에는 비가 내리는 등 음산한 날씨가 이어진다. 강릉의 경우, 낮 최고 기온이 20℃를 크게 넘지 않아 다른 지방에서 온 방문객들은 춥다고까지 느낀다. 이때가 되면 산불 소식도 자취를 감춘다.

북동풍이 불 때 태백산맥의 서쪽 지방은 시정이 무척 좋아서 사람들을 상쾌하게 만들어 준다. 응결하였던 수증기가 태백산맥을 넘으면 증발하여 맑은 날씨로 바뀌는 것이다. 그런 날 동쪽을 보면 태백산맥을 넘어선 구름이 층으로 덮여 있는 것을 볼 수 있다. 파란 하늘에 선명한 하얀 구름이 아름답게 보일 때이다.

수증기를 안은 채 산지를 오르는 공기의 온도 변화와 수증기를 잃어버린 후 산지를 내려가는 공기의 온도 변화 차이 때문에 영동지방과 영서지방은 온도 차이가 커진다. 북동풍이 불면 영서지방은 보통 30℃ 이상까지 기온이 상승하며, 산을 넘으면서 비를 뿌렸기 때문에 건조해진다. 이와 같이 영서지

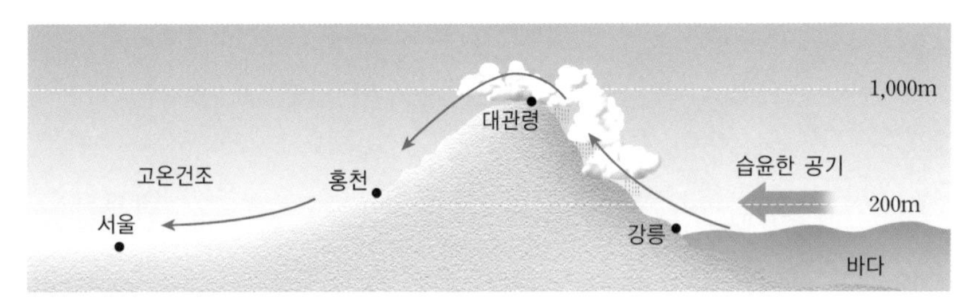

높새가 나타나는 과정 동해에서 불어온 습윤한 공기가 태백산맥을 넘으면서 비를 내리면 영서지방의 홍천 등을 지날 때는 강릉에서보다 고온건조한 상태가 된다. 이와 같이 고온건조해진 북동풍을 높새바람이라고 한다.

영동지방의 벼농사 영동지방에서는 오호츠크 해 기단의 영향으로 냉해를 입을 수 있기 때문에 만생종 벼와 함께 조생종 벼를 키우기도 한다. 사진의 왼편이 만생종 벼이다(강원 강릉, 2008. 8).

방에 부는 고온건조한 북동풍을 높새바람이라고 한다. 이때는 기온이 30℃를 넘어도 그리 덥게 느껴지지 않는다. 햇살은 뜨겁지만 그늘에서는 선선하다. 공기 중에 습도가 많지 않아 피부에서 증발이 잘 일어나기 때문이다.

높새가 지속되면 영서지방에서는 밭작물에 가뭄 피해가 나타날 수 있고, 영동지방에서는 오호츠크 해 기단에 의한 냉해를 입을 수 있다. 그래서 영동지방에서는 주로 산지에서 재배하는 조생종 벼를 키우기도 한다. 다른 지방의 평지에서는 중·만생종 벼를 재배한다.

07

우리나라에 장마철이 없었다면

'장마철을 기다리는 사람이 있을까' 하는 의문이 들 정도로 우리에게 장마철은 환영받지 못하는 시기이다. 하지만 장마철이 없었다면 우리의 벼농사는 심하게 타격을 받았을 것이다. 산천초목을 적시고 저수지를 채우는 장맛비 덕분에 농업용수를 확보할 수 있었다.

우리는 대부분 한 계절이 떠나는 것을 아쉬워하지만, 새로운 계절을 손꼽아 기다리기도 한다. 그러면서 뭔가의 새로움에 잠시 마음이 들뜨기도 한다. 그렇더라도 설마 '장마철' 을 기다리는 사람이 있을까? 그만큼 장마철은 우리에게 환영받지 못하는 시기이다.

'장마철' 하면 떠오르는 것도 홍수 아니면 눅눅함, 지루한 날씨 등 그리 달가운 것이 없다. 비가 많이 내리건 적게 내리건 장마가 길어지면 농부는 근심이 커진다. 비가 내리거나 흐린 날이 계속되면서 습도가 높은 상태가 이어지면 농작물이 역병에 걸리기 쉽다. 일단 역병이 발생하면 주변으로 번지기 때문에 농사를 망칠 수 있다.

장마철에 번진 고추 역병 습도가 높은 날씨가 계속되면 고추 등의 농작물에 역병이 번지기 쉽다(전남 나주, 2007. 9).

장마철에 홍수가 발생하는 경우는 흔치 않다. 비가 내리는 것과 홍수는 별개이며, 장마철에는 그저 많은 비가 내릴 뿐이다. 물론 많은 비가 지나치면 홍수가 될 수 있다. 홍수는 비가 누적되어서 저수지나 땅에 물이 많이 차 있을 때에 큰비가 내리면 발생하기 쉽다.

그런데 만약 우리나라에 장마철이 없다면 어땠을까? 무엇보다 우리의 벼농사가 심하게 타격을 받았을 것이다. 장마가 오기 전은 소위 '장마 전 건기' 라고 할 만큼 비가 적게 내리는 시기이다. 곳곳에 자리하고 있는 저수지를 둘러보면 대부분 텅 비어 있다. 어떤 곳은 저수지의 바닥이 마치 거북의 등이라도 되는 양 갈라져 있기도 하다. 작은 하천도 바닥을 드러내기는 마찬

장마 전의 작은 강 바닥 장마 전의 건기가 길어지면 작은 저수지나 강은 바닥을 드러낸다(충북 영동, 2008. 5).

가지이다. 바로 그런 저수지를 채워 주는 것이 장맛비이다. 그래서 우리의 벼농사가 가능했던 것이다. 얼핏 보기에는 장마를 기다리는 사람이 없는 것 같지만, 가뭄이 길어지면 상황이 크게 다르다. 농민들은 애타게 장맛비를 기다린다. 1994년에는 장맛비가 거의 없었다. 전국이 타들어갈 지경이 되었다. 웬만해서는 여름철에 산불을 볼 수 없지만, 섬인 제주도에서조차 여름 산불이 발생하는 지경까지 이르렀다. 이렇듯 장마는 꼭 있어야 하는 계절이다.

장맛비는 왜 남북으로 이동할까

우리나라는 편서풍 지대에 자리 잡고 있어서 기상 현상이 서쪽에서 동쪽으로 이동하는 것이 일반적이다. 그러나 장마는 다른 날씨와 달리 남북으로 이동한다. 게다가 어느 한쪽으로 일정하게 이동하는 것이 아니라 남북 방향을 오르내린다. 그래서인지 요즘 일기 예보의 정확도가 많이 향상되었다고 하지만 장마 예보는 맞지 않는 경우가 많다.

장맛비는 장마전선에서 내리는 비이다. 그 전선은 우리나라보다 추운 북쪽의 기단과 더운 남쪽의 기단 사이에서 만들어진다. 여름이어도 그 경계의 북쪽은 선선하고 남쪽은 무덥다. 그러므로 같은 장마철이라고 하여도 전선이 어디에 자리 잡고 있는가에 따라 선선하기도 하고 무덥기도 하다. 때론 많은 비가 내린다. 장마철의 날씨도 봄철에 버금갈 만큼 짧은 기간 동안에 변화가 크다.

장마철에는 지역마다 다른 날씨가 나타날 수 있는 것이 다른 계절과 구별되는 점이다. 다른 계절에는 춥든지 비가 오든지 바람이 강하게 불든지 전국

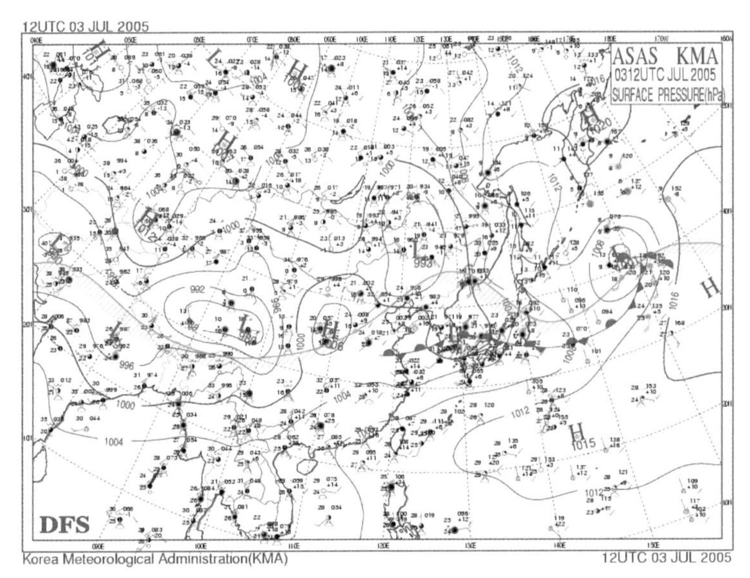

장마전선이 우리나라에 자리할 때의 일기도 장마전선은 남북으로 이동하면서 우리나라의 날씨에 영향을 미친다(기상청, 2005. 7. 3).

적으로 거의 비슷하다. 그러나 장마철에는 같은 날에도 무더운 곳이 있고, 선선한 곳이 있다. 또는 곳에 따라 집중호우가 내리기도 한다. 그러므로 장마를 예측하는 것이 어떤 날씨를 예측하는 것보다 어렵다.

장마와 같은 날씨가 우리나라에서만 보이는 것은 아니다. 계절에 따라서 시베리아 기단과 오호츠크 해 기단, 북태평양 기단의 영향을 받는 동부 아시아에서는 어디서든지 장마와 비슷한 형태의 날씨를 경험할 수 있다. 중국에서는 그런 날씨를 메이유(Maiyu)라고 부르며, 일본에서는 바이우(Baiu)라고 한다. 이런 현상이 나타나는 시기는 우리와 다르지만 역시 남북으로 이동하기는 마찬가지이다.

장마가 처음 나타나는 날은 대체로 남쪽에서 북쪽으로 갈수록 늦어진다. 평균적으로 보면 서귀포에서 가장 일찍 시작되어 6월 20일경에 첫 장마를 경험한다. 그 후 점차 북상하여 서울에서는 6월 25일경에 장마가 시작된다. 장마가 끝나는 날짜도 거의 비슷하게 이어진다. 그러므로 부지런한 서울의 학생들이 경비를 아끼려고 방학을 하자마자 제주도로 떠나면, 여행 기간 내내 장맛비를 쫓아다니다 결국 집에까지 그 비를 몰고오는 지경이 된다.

장마의 시작 시기는 농부와 수자원 관리자에게 민감한 문제이다. 장마가 늦어지면 저수율이 떨어지면서 농업용수 확보에 비상이 걸린다. 모내기가 끝난 논에 물을 충분히 댈 수 있어야 하는데, 장마가 늦어지면 저수지가 바

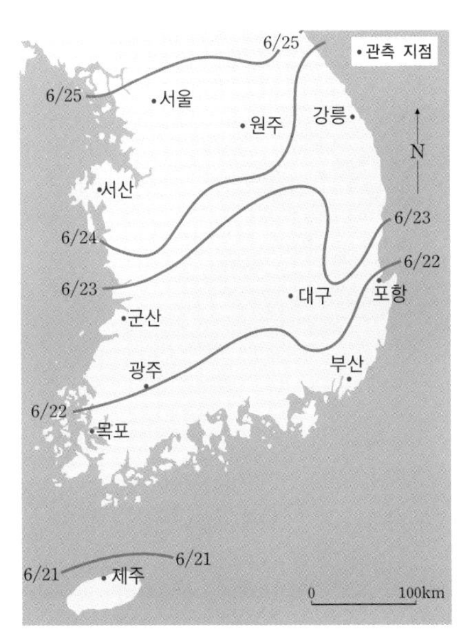

장마 시작일의 분포 일반적으로 장마는 남쪽 지방에서부터 시작되어 점차 북쪽으로 이동한다.

닥을 드러낸다. 그러므로 장마 시작 시기가 계속 늦어지면 벼농사에 차질이 생긴다.

모내기철에 논의 물은 부자지간에도 양보가 없다고 할 만큼 물 문제가 심각하다. 봄 가뭄이 길어진 후에 장마가 늦어지기라도 하면 더욱 큰일이다. 장마가 늦어진 어느 해에 한 농부가 밤에 이웃 논의 물을 몰래 끌어들여 모내기를 시도한 일이 있었다. 그 농부는 절도죄로 잡혀갔다. 이 무렵의 물이 얼마나 소중한지를 잘 보여 주는 이야기다.

장마 시작 시기의 비는 반갑지만 길어지거나 끝날 무렵에 많은 비가 내리면 물 관리가 어렵다. 장마 끝 무렵에 호우라도 이어지면 홍수의 가능성이

소양강댐의 방류 댐 상류에 집중호우가 쏟아져 댐이 넘칠 지경에 이르면 방류하며, 그 물은 그 하류 지역의 홍수를 일으킬 수 있다. 대형 댐의 물을 방류하는 것은 보기 드문 일이다(강원 춘천, 2006. 7).

높다. 큰 하천에는 소양강댐, 충주댐 등 대규모의 다목적 댐을 축조하여 물 관리를 하고 있지만, 쉬운 문제가 아니다. 많은 비가 내릴 것이 확실할 때는 댐을 비워야 한다. 그러나 댐을 비웠는데 비가 내리지 않으면 오히려 물 부족을 걱정해야 한다. 그렇다고 마냥 채워 놓고 있을 수도 없다. 그러다가 많은 비가 쏟아지면 급하게 방류를 해야 하고, 자칫 방류 시간을 잘못 조절하면 하류 지역에 재앙을 초래한다. 댐에서 방류한 물이 만조에 이르는 시간에 하류 지역에 도달하면 하천의 범람을 피하기 어렵다. 물 관리가 그렇게 어려운 문제다. 바로 이런 점 때문에 수많은 다목적 댐이 계속 건설되고 있으면서도 끊임없이 홍수를 겪어야 하는 이유이다.

장마가 일찍 끝나 버리면, 여름 내내 물 부족 사태를 맞을지 모른다. 저수지와 댐 등에 충분히 물을 가둔 후에 장마가 끝나야 물 걱정이 없다. 그와는 반대로 장마가 길어져도 문제가 발생한다. 장마가 길어지면 강수량이 많아지게 마련이며, 그럴 경우 수해를 입을 수 있다. 또한 장마가 길어지면 일조시간이 부족하여 농작물의 생육을 방해한다. 예전에는 장마가 조금만 짧거나 길어도 농부는 한숨만 쉬어야 했고, 서민들은 쌀값 걱정을 해야 했다.

장마 때는 보일러를 다시 켜게 된다

장마철에는 다른 계절에 비하여 비가 내리는 날이 많다. 간혹 햇볕이 쨍쨍 내리쬐는 날도 있지만, 비가 내리거나 흐린 날이 대부분이다. 그래서 장마철에는 습도가 높다. 습도가 높으면 비가 내리지 않더라도 집 안이 눅눅하다. 게다가 장마전선이 우리나라 남쪽에 자리 잡고 있으면 북쪽 기단의 영향을 받게 되어 눅눅한 가운데 서늘하여 음습한 날씨가 이어진다.

중학생 시절이었다. 당시는 6월 1일부터 교복이 하복으로 엄격하게 바뀌었다. 그러나 장마가 시작되기 직전은 날씨가 서늘할 때가 잦다. 반바지와 반팔로 된 교복을 입기에는 추울 때가 많았고, 교실에 있는 아이들의 팔과 다리에 소름이 돋는 경우가 흔하였다. 그럴 때면 3학년 학생들은 그것을 핑계로 긴 바지를 입고 등교한다. 누군가에게 잘 보이고 싶어서인진 몰라도 긴 바지가 입고 싶은 것이다. 그러면 교문을 지키는 생활지도 선생님과 긴 바지 등교생 간의 숨바꼭질이 벌어진다. 선생님들이 긴 바지를 자르겠다고 가위를 들고 기다리기 때문이다. 3년 내내 장마철이면 벌어지는 풍경이었다.

사실 그런 날이면 집에서도 보일러가 그리워진다. 요즘도 중앙난방을 하는 아파트의 주민들은 보일러를 켜 주기를 기대한다. 그렇지만 틀에 박힌 대로 운영되는 아파트 관리실에서 보일러를 켜 줄 리 없다. 한겨울에 창문을 열어 놓게 하는 에너지를 아껴 두었다 이럴 때 틀어 주면 좋으련만.

사실 이때쯤이면 보일러를 켜는 것이 정상일 것이다. 집 안팎으로 습도가 높아서 빨래가 잘 마르지 않고 기온은 한여름에 비하여 10℃ 가까이 낮은 상태이다. 마치 장마가 시작되기 전의 영동지방 날씨와 비슷하다. 보일러를 켜면 집 안의 온도를 높여 줄 뿐만 아니라 습기도 제거되므로 여름철 건강관리에 도움이 된다. 보일러를 켜지 않아 습도가 높은 상태가 계속되면 곰팡이가 발생하기 쉬워진다. 그래서 습한 장마 날씨가 계속되면 식중독 사고 소식이 전해지기도 한다. 다른 지방보다 장마가 긴 제주도의 부엌에 굴뚝이 없는 것 또한 장마 날씨와 관련 있어 보인다. 부엌에서 피우는 열기와 연기가 집 안으로 고르게 퍼지면서 눅눅한 상태를 완화시켜 주었을 것이다.

지방에서 몇 년을 살고 서울로 이사 온 해에 두 고장의 집값 차이로 반지

제주도 민가의 부엌 제주도 가옥의 부엌에는 굴뚝이 없다. 그러므로 밥을 지을 때 나오는 연기는 가옥 안에 고르게 퍼지면서 점차 사라진다. 가옥에 퍼진 열기와 그 연기가 장마철의 눅눅함을 완화시켜 주고 병해충을 쫓는 데 도움을 주었을 것이다(제주 성읍민속마을).

하 집에서 살았던 적이 있다. 살아 보지 않은 사람이라면 뭔 소리인지도 모르겠지만, 반지하는 다시는 살고 싶지 않은 곳이다. 무엇보다 장마철이 싫었다. 언제 물이 넘쳐 들어올지 모르는 불안감, 아이는 닥치는 대로 무엇이든 입으로 넣는데 곳곳에 퍼지는 곰팡이, 게다가 마르지도 않는 빨래 그 어느 것도 다시 생각하기 싫다. 그런 곳에 세를 준 집주인이라면 장마철 보일러 기름 값이라도 빼 주어야 할 것 같다.

08

무더운 여름이 찾아왔다

여름은 무덥다. 겨울이 추워야 하듯 여름 역시 더워야 제맛이 난다. 여름이 덥지 않으면 그해의 농사는 흉년이 되고 만다. 한여름 오후에 맹위를 떨치는 무더위를 일시적으로 식혀 주는 소나기도 여름을 대표하는 또 하나의 날씨이다. 농부가 가뭄에 비를 기다리듯 많은 사람들이 여름철 오후에 소나기를 기다린다.

'여름'은 우리에게 여러 면에서 의미가 있다. 여름철이 있어서 벼농사가 가능하였고, 그로 인하여 우리가 벼농사 문화권에 포함될 수 있었다. 우리의 생활 양식 중 많은 부분이 벼농사와 관련 있다. 만약 지금과 같은 정도의 여름이 없었다면 우리의 문화는 전혀 달라졌을 것이다.

'여름' 하면 벼가 익어 가는 모습이 떠오르기도 하지만, 요즘의 젊은이들은 대부분 해변의 북적이는 인파를 떠올린다. 어른, 아이 할 것 없이 많은 사

벼가 자라고 있는 한여름 들판 한여름에는 뜨거운 태양빛을 받으며 들판에서 벼가 자라난다(전북 김제, 2006. 7).

한여름의 해수욕장 한여름 무더위는 해수욕장으로 많은 인파를 모이게 한다(강원 강릉, 2007. 8).

람들이 여름을 기다린다. 아마도 여름은 산과 계곡, 해수욕장으로 휴가를 떠날 수 있어서일 것이다.

어떤 사람들은 여름철을 이야기할 때 소나기를 연상한다. 황순원의 '소나기'가 있어서 그렇기도 하지만, 그런 소설이 없다고 해도 '여름' 하면 많은 사람들이 소나기를 떠올린다. 그만큼 소나기는 우리나라 여름철의 대표적인 날씨로 각인되었다.

그 밖에도 떠오르는 것이 많다. 큰 강의 둔치로 모여든 인파, 수박이나 참외가 익어 가는 밭 한가운데의 원두막, 시골의 느티나무 그늘에서 장기를 두고 있는 동네 노인들, 그런가 하면 어느 날 쏟아진 비로 인한 큰 홍수 등등.

나에게는 원두막과 소나기가 여름의 대명사처럼 들린다. 작은 시골에서 초등학교를 보냈기에 여름철이면 원두막을 지켜야 했다. 그러다 보니 기억 속에 원두막의 낭만은 하나도 없고, 그저 지루함이 떠오를 뿐이다. 어린아이에게 여름철의 하루 해는 너무도 길었다. 그렇지만 원두막에서의 마지막 하루를 보내고 산을 내려올 때면 뭔가 허전함이 남아 있었다. 이제 여름이 끝나고 있구나 하는 생각 때문이다. 풍요로운 가을이 기다리고 있지만 여름이 끝나는 것은 여전히 아쉽다. 단지 방학이 끝나는 것만이 그 이유는 아니었으리라. 어쩌면 여름이면 유일한 간식거리였던 수박을 더 이상 먹을 수 없다는 아쉬움이 컸을지도 모른다.

유원지의 원두막 오늘날의 원두막은 도로변의 농장에서 생산한 과일을 팔거나 어른들에게 옛 정취를 느끼게 하는 쉼터로 남아 있을 뿐이다(경기 구리, 2007. 10).

한편 한라산에서 원두막을 향하여 무섭게 다가오는 소나기는 아직도 기억 속에 선하게 남아 있다. 매일 그것을 지켜보았더니 몇 분쯤 후에 소나기가 다가올지 알 것 같았다. 소나기는 허름한 원두막의 안까지 파고드는 경우가 대부분이었다. 그런 기억 덕에 누구보다도 빨리 멀리서 소나기가 다가오는 모습을 볼 수 있게 되었다.

여름은 왜 무더울까

여름은 무덥다. 겨울이 추워야 하듯 여름 역시 더워야 제맛이다. 여름이 덥지 않으면 그해의 농사는 흉년이 되고 만다. 젊은이들이 해수욕장에서 즐기기 위해서가 아니라 나라의 경제를 위해서라도 여름은 더워야 한다.

여름철의 무더위는 우리의 주식 작물인 벼가 익어 가는 것을 도와줄 뿐만 아니라 초목을 무성하게 한다. 방학 동안 비워 두었던 시골 학교의 운동장은 마치 풀밭처럼 변한다. 그래서 개학을 앞둔 예비 소집일에는 잡초를 제거하는 것이 큰일이었다. 집 마당에 자라는 풀도 마찬가지이다. 밭에 나가지 않는 아이들에게는 마당의 풀을 제거하는 것이 중요한 일거리였다. 잠시라도 방심하면 여름철의 마당은 큰 풀밭이 되고 만다.

다른 지방보다 고온다습한 제주도에는 묘지의 벌초가 큰일의 하나였다. 부지런한 집안에서는 8월 이전에 두어 번 벌초를 하지만 8월 하순 무렵이 되면 전혀 손을 보지 않았던 묘처럼 잡초에 뒤덮이고 만다. 서울 사람들은 그런 묘를 보고 왜 이렇게 관리를 하지 않느냐고 핀잔을 줄 정도이다. 그래서 제주도에는 벌초 방학이란 것이 있다. 9월 초 무렵의 주말 아침이면 김포공항에도 벌초하러 귀향하는 제주도 사람들로 북적인다.

제주도의 묘지 관리를 잘한 묘지이지만, 다른 지방보다 여름이 고온다습하여 풀이 무성하게 자라 있다(제주 제주, 2006. 8).

우리는 쉽게 6, 7, 8월을 여름철이라고 한다. 그러나 엄밀하게 말하면, 장마가 끝난 후부터가 진정한 여름이다. 장마철 기간과 그 후의 날씨는 판이하게 다르다. 장마가 끝나면서부터 본격적으로 무더위가 시작되고, 진정한 여름의 모습이 나타난다. 이때부터 북태평양의 무더운 공기가 본격적으로 유입되기 시작한다.

북태평양의 공기는 무덥고 수증기를 많이 지니고 있다. 일 년 내내 그런 상태로 북태평양을 지배한다. 겨울철에는 시베리아 벌판에서 유입된 공기가 우리나라를 덮고 있어서 북태평양의 공기가 접근하지 못한다. 그러다 태양고도가 점차 높아지면서 대륙이 뜨거워지기 시작하면 시베리아 기단이

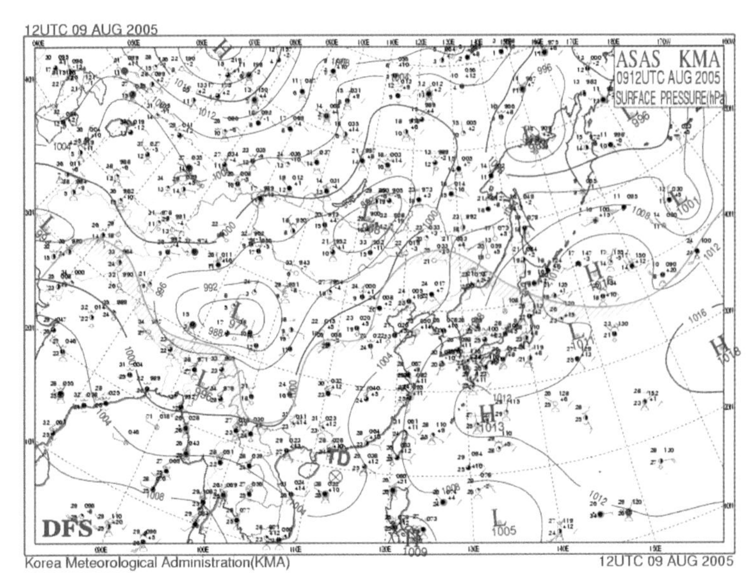

여름철의 일기도 한여름에는 북태평양 고기압이 영향을 미치면서 우리나라 주변에 남고북저의 기압 배치가 발달한다(기상청, 2005. 8. 9).

맥을 못 춘다. 그러면 우리나라 북쪽에서 만들어지는 기단과 남쪽에서 만들어지는 기단 사이에 발달한 장마전선이 서서히 북상한다. 장마전선이 한 달 가까이 우리나라에 장맛비를 내리고 나서 그것마저 북쪽으로 완전히 물러가면 북태평양의 공기가 본격적으로 우리나라로 다가온다. 이제 한여름이 시작된 것이다.

북태평양 기단이 만들어지는 곳은 연중 하강기류가 발달하여 맑은 날씨가 계속된다. 그러므로 태양으로부터 받는 일사량이 다른 위도대보다 많다. 적도 지방보다도 더 많은 태양 에너지를 받는다. 게다가 광대한 대양에서 만들어지는 공기이므로 수증기를 많이 포함한다. 그래서 북태평양 기단은 연중 고온다습하다. 당연히 그 영향 아래에 놓이는 지역은 어디든 고온다습한 날씨이다.

여름철에는 불쾌지수가 높다. 우리나라에서는 불쾌지수가 80%를 넘어서면 50% 이상의 사람들이 날씨 때문에 불쾌감을 느낀다고 한다. 여름철이 되면 기상청에서 불쾌지수를 예보할 만큼 우리 생활에 미치는 영향이 크다. 불쾌지수가 높은 날에는 에어컨이나 선풍기 등을 많이 사용하므로 전력 사용량이 급증하여, 한전에서는 예비 전력을 걱정해야 하는 상황이 벌어진다.

날씨로 인한 불쾌감에 영향을 미치는 것은 기온과 습도, 바람 등이다. 기온이 높더라도 공기 중에 수증기가 많지 않을 때는 견딜 만하다. 장마가 시작되기 전에는 30℃가 넘을 때 강의실에서 수업을 해도 날씨에 대한 부담이 거의 없다. 그러나 장마가 끝난 후인 7월의 계절학기 때는 30℃가 넘으면 날씨 때문에 수업이 어렵다. 습도의 차이 때문이다. 습도가 높으면 피부에서 증발이 크게 억제된다. 이럴 때는 수분의 증발을 도와주는 바람도 불쾌지수를 낮추는 데 효과적이다.

조금만 과거로 거슬러 올라가면, 인파가 북적이는 해수욕장과는 전혀 다른 여름의 모습이 있다. 삼베 모시옷을 차려 입은 촌로들이 마을 입구의 정자나무 밑 평상에 모여 앉아 한가로이 부채질을 하고 있는 광경이 떠오른다면 너무 나이 먹은 티를 내는 것일까? '그 모습이야말로 여름의 무더위를 가장 잘 이겨 내는 모습이 아니었을까' 생각한다.

외국인들에게 선물할 물건으로 태극부채를 고르는 사람이 많다. 실제로 외국인들도 그것을 받아들고 아주 좋아한다. 그들 중 대부분은 그것의 용도를 듣고는 깜짝 놀란다. 그 정도로 우리의 여름 무더위가 대단하다. 부채가

마을 입구의 정자나무 오래된 마을의 입구에는 정자나무가 있고, 한여름에는 그 그늘로 마을 사람들이 모여드는 쉼터가 된다. 제주도에서는 일반적으로 마을 가운데 정자나무가 있다(경북 예천, 2007. 8).

찬 바람을 내는 것도 아니지만 부채질을 하면 시원하다. 부채질을 하면 피부 표면에서의 증발을 촉진시키기 때문이다. 한여름 오후에 마당에 물을 뿌리면 증발하면서 주위의 열을 빼앗기 때문에 잠시 시원해지는 것과 같다. 선풍기를 돌리면 시원해지는 것도 부채와 같은 원리이다.

습도가 높을 때는 밤에도 기온이 떨어지지 않는다. 수증기가 열을 잡고 있기 때문이다. 밤에도 최저 기온이 25℃ 이상을 유지할 때를 열대야라고 한다. 열대야가 나타나는 밤에는 무더워서 잠을 못 이루기 쉽다. 그런 밤에는 더위를 피하고자 하는 많은 사람들이 큰 강의 둔치로 몰려든다. 동네 곳곳에서는 사소한 일로 이웃 간에 시비가 벌어지기도 한다. 추운 겨울이라면 있을

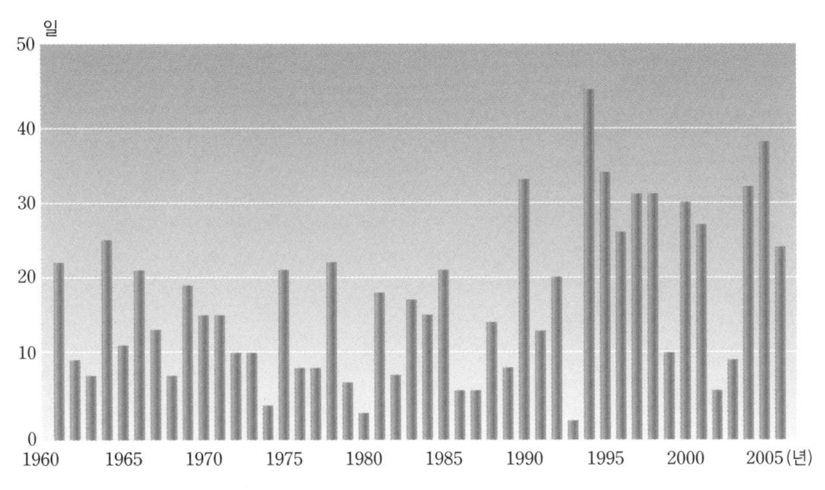

제주 지역의 열대야 일수 변화 최근 기온이 상승하면서 열대야 일수가 점차 증가하고 있다.

수 없는 일이 벌어지는 것이다. 최근 지구 온난화와 도시화가 진행되면서 우리나라 대부분 지역에서 열대야 일수가 지속적으로 늘고 있다. 이런 상황이 계속된다면, 언젠가는 여름 내내 무더운 밤을 보내야 할지도 모른다.

여름철에는 왜 소나기가 많을까

소나기는 여름을 대표하는 날씨이다. 한여름 오후에 쏟아지면서 맹위를 떨치는 무더위를 일시적으로 식혀 준다. 그러므로 농부가 큰 가뭄에 비를 기다리듯 많은 사람들이 여름 오후에 소나기를 기다린다. 아마 우리나라 사람들이 비를 기다리는 것은 그런 두 가지 경우가 전부일 것이다.

소나기는 우리나라를 덮고 있는 공기가 불안정한 상태일 때 발생한다. 한여름 오후에 소나기가 내리는 것도 그 시간에 공기가 충분히 불안정해졌기

산지에 의하여 발달한 뭉게구름과 소나기 공기가 이동하다 산지를 만나면 상승하면서 바람 불어오는 쪽의 사면에 뭉게구름을 발달시킨다(전북 고창, 2006. 8).

때문이다. 공기가 불안정할 때는 일단 상승시키는 힘만 주어지면 계속 상승하면서 두꺼운 구름을 발달시킨다. 여름철 오후의 뭉게구름이 불안정한 공기에서 만들어진 대표적인 예이다.

불안정해진 북태평양 기단이 우리나라에 영향을 미칠 때면, 두 가지 요인에 의해서 소나기가 내릴 수 있다. 하나는 우리나라의 산줄기가 북동에서 남서 방향으로 뻗은 것이 많고, 그 사이에 크고 작은 하천이 흐르고 있다는 점이다. 북태평양의 공기는 남서 방향에서 우리나라로 이동해 온다. 동쪽에 등줄기 산맥인 태백산맥이 자리하고 있으므로, 남서 방향에서 유입되는 공기가 산줄기 사이에서 점점 상승한다. 게다가 그 사이를 흐르는 하천에서 많은 수증기를 얻는다. 그리하여 태백산맥의 서쪽 사면에 빈번하게 뭉게구름이 발달하고, 그 구름이 두꺼워지면 소나기가 내린다.

산지가 없어도 소나기는 내릴 수 있다. 산이 없는 우리의 일터에서도 소나기를 자주 본다. 한여름의 아침에는 하늘이 아주 맑고 파랗다. 그러나 점심시간이 되면 파랗던 하늘에 조각구름이 발달하기 시작하고 빠른 속도로 성장하여 점심을 먹고 일터로 돌아올 때쯤이면 파란 하늘보다는 구름이 가리는 부분이 더 많아진다. 오후 서너 시가 되면 멀리 뭉게구름이 곱게 피어오르기 시작한다. 지표면이 태양열을 받아 데워지면 그 주변의 공기가 더욱 불안정해지면서 상승기류가 발생한다. 그 상승기류가 강해지면 구름이 두꺼

소나기 소나기에서 내리는 빗방울은 상하 운동을 여러 번 하면서 성장하여 떨어진 것이므로 그 크기가 크다.

워져서 소나기가 내린다. 두꺼운 구름은 태양빛을 모두 흡수해 버리므로, 그 구름의 아래는 한낮인데도 컴컴하다. 도시의 한복판에서 대낮에 가로등이 켜지는 일이 일어난다.

소나기가 내릴 때는 보통 천둥과 번개를 동반한다. 뭉게구름 속에서는 공기가 매우 강력하게 상승과 하강을 하고 있어서 비행 중인 항공기가 위험할 수 있다. 최근 한 민간 항공사의 비행기가 뭉게구름 속을 비행하다 대형사고가 날 뻔한 일이 있었다. 천둥이나 번개가 칠 때 나무 밑으로 숨거나 넓은 벌판 가운데에 서 있는 것도 위험하다. 소나기가 내리는 날 골프를 즐기던 사람들이 벼락을 맞았다는 소식도 이따금 전해진다.

소나기가 심하게 내릴 때에는 간혹 우박이 떨어지기도 한다. 우박도 역시 물방울이 상승과 하강을 반복하면서 점차 성장하여 커진 것이므로 냉장고에서 만들어진 얼음과 달리 나이테와 같은 결이 발달한다. 우박은 크기가 다양하여, 탁구공만 한 크기의 우박이 떨어졌다는 뉴스가 전해지기도 한다. 우박은 농작물에 치명적이어서 채소밭에 떨어진 우박은 일 년 농사를 망쳐 놓을 수 있다.

한없이 쏟아질 것 같던 소나기도 저녁이면 잠잠해진다. 퇴근하는 사람들을 약올리기라도 하듯이 대부분 소나기는 일곱 시 이전에 막을 내린다. 소나기는 아무리 길어도 한 시간 이내인 경우가 많다. 소나기에서 내리는 강수량은 많은 것 같아도 10mm를 넘는 경우가 거의 없다.

소나기가 내릴 때 같은 도시의 친구에게 전화를 걸어 보면, '소나기는 쇠잔등을 가른다' 는 말을 실감한다. 한 도시 안에서도 소나기가 내리는 곳이 있는가 하면, 같은 시간에 햇볕이 강렬하게 내리쬐고 있는 곳도 있다. 그만큼 소나기는 지역 차이가 크다. 한여름의 일기 예보는 '전국이 맑고 곳에 따라 오후 한때 소나기' 인 경우가 대부분이다. 그 예보를 빈정거리는 이들도 있지만, 그것이 한여름 날씨에 가장 적합한 표현이다.

소나기는 일시적이지만 강력하기 때문에 우산이 없는 경우 옷을 적시기에 충분하다. 그러기에 황순원의 '소나기' 가 탄생할 수 있었을 것이다. 황순원이 아니더라도 나이가 어느 정도 든 대부분 사람들은 소나기에 얽힌 이야깃거리 하나쯤은 가지고 있다. 조금만 글재주가 있는 사람이라면 소나기를 소재로 한 글을 쉽게 써 내려갈 수 있을 것이다. 그만큼 소나기는 누구나 자주 경험할 수 있는 여름철의 대표적인 기상 현상이다.

09

가을에는 하늘이 높아진다

늦장마가 끝나고 이따금 찾아오는 태풍이 지나가면 비로소 가을이 시작된다. 시베리아 벌판의 공기가 우리나라로 다가오기 시작하면서 높고 파란 하늘을 볼 수 있다. 장마와 한여름의 비가 공기 중의 먼지를 씻어 주었기 때문이다. 그리고 점차 일교차가 커지면서 온 산하를 아름답게 물들이는 단풍을 볼 수 있다.

가을은 천고마비의 계절이라고 한다. 그러나 '가을' 하면 무엇보다도 그런 높은 하늘의 강렬한 햇볕 속에 익어 가는 농촌의 황금물결이 최고이다. 지리학을 공부하였다고는 해도 뒤늦게 가을의 평야를 둘러보고서야 황금들녘의 아름다움을 깨달았다. 그 후로 평야를 자주 찾았다. 가을에는 물론 기회가 생기면 계절에 관계없이 평야를 찾았다.

서울에서는 한 시간 정도만 달려도 광활한 철원평야를 볼 수 있다. 물론 더 가까이 김포에만 가더라도 넓은 들이 반기고 있다. 그렇지만 역시 '평야' 하면 만경과 김제들이 최고이다. 그곳에선 들판이 끝도 없이 이어진다. 멀리 보이는 지평선까지. 그곳의 가을 정취에 빠져들면 헤어나기 어려울 정도다.

철원의 황금 들녘 가을로 접어들면서 벼가 익어 가기 시작하면 들판은 온통 황금빛으로 물이 들어 간다(강원 철원, 2007. 9).

김제의 황금 들녘 김제의 황금 들녘은 어디가 끝인지도 모르게 이어진다. 가끔 저 멀리에 마을이 아스라이 보일 뿐이다(전북 김제, 2006. 10).

서울에서 꽤 떨어졌지만, 매년 가을 두세 번씩 꼭 그곳을 찾는다. 아무리 찾아도 지겹지 않다. 우리가 쌀을 주식으로 살아가는 한 어쩔 수 없는 일인지도 모르겠다.

황금 들녘이 아니어도 가을에는 떠오르는 것이 많다. 점점 짙어지기 시작하는 이른 아침의 안개, 수많은 산을 곱게 단장하고 있는 단풍, 호랑이보다도 무섭다는 곶감이 주렁주렁 매달린 처마 밑, 누렇게 변해 가는 캠퍼스의 잔디밭 등등. 이런 모든 것이 있어서 가을은 더욱 풍성하고, 남자들의 마음

가을의 풍경 - 곶감 만들기 시골에서 곶감을 만들기 위해 깎은 감을 주렁주렁 매달아 놓은 모습도 가을을 보여 주는 풍경의 하나이다(전북 완주, 2005. 10).

은 어디론가 멀리 떠나고 싶어진다. 역마살이 없더라도 당연한 마음이다. 우리의 아름다운 국토가 있기에 그런 것이다.

가을 하늘은 왜 높아만 갈까

어린 시절 마당에 멍석을 깔고 잠이 들었던 적이 많았다. 초여름에 수확한 보리 짚을 깔고 그 위에 멍석을 펴면 잠자리로 충분하였다. 멍석 위에서는 여름철 저녁 식사가 이루어지기도 하였다. 그런 멍석을 철수해야 할 때가 되면 가을이 찾아온 것이다. 이슬이 내리기 때문에 잠을 청하기 어렵다. 그즈음 낮에 멍석 위에 누워서 하늘을 바라보면 정말 하늘이 높아져 있다.

보통 가을은 9월부터 11월까지를 이야기하지만, 실제로 가을은 늦장마가 끝나고 난 후부터이다. 늦장마 때는 기온이 한여름에 비하여 크게 낮아진다. 늦장마를 계절로 취급하지 않는다면 이때부터 가을이라고 할 수 있을 만큼 선선하다. 8월 하순부터 이런 날씨가 나타난다. 이 무렵 이따금 찾아오는 태풍은 가을을 재촉한다고 할 만큼 지나고 난 뒤 곧바로 청명하고 선선한 날씨가 뒤따라온다. 그러나 하늘이 본격적으로 높아지는 것은 9월 초순을 넘기고 나서이다.

한여름이 끝나고 9월 초순까지는 비가 내리는 날이 잦아서 하늘이 높은지 판단하기 힘든 경우가 많다. 늦장마가 끝나고 나면 점차 시베리아 벌판의 공기가 우리나라로 다가오기 시작한다. 이때부터 높은 하늘을 실감할 수 있다. 하늘이 높게 보이는 것은 공기 중에 먼지가 적어서 낮은 고도에서 빛의 산란이 적기 때문이다.

산란은 태양빛이 먼지나 작은 입자에 부딪혀 부서지는 것으로 하늘의 파란색을 볼 수 있게 해 준다. 하늘의 색이 파랗게 보이는 것은 아주 높은 곳의 미세한 공기 분자에서 태양빛이 산란하기 때문이다. 만약 산란이 없다면 하늘은 검게 보였을 것이다. 우주 공간이 항상 검은색을 띠고 있는 것은 산란될 공기가 없기 때문이다. 비행기의 고도가 점점 높아질수록 창밖으로 보이는 하늘이 어두운 색으로 바뀌는 것도 같은 이유이다. 공기 중에 입자가 큰 먼지가 많으면 하늘이 뿌옇게 보이는 것도 산란 때문이다.

늦장마가 끝나고 난 직후는 일 년 중 공기 중에 먼지가 가장 적은 시기이다. 장마와 한여름의 비가 공기 중의 먼지를 씻어 주었기 때문이다. 그러므로 고도가 낮은 하늘에서는 산란이 일어나지 않고 아주 높은 고도의 하늘에

하늘 색의 변화 고도가 높아짐에 따라서 공기 밀도가 낮아지므로 산란이 일어나지 않는다. 그러므로 하늘은 점점 어두운 색으로 변한다(우즈베키스탄 상공, 2006. 7).

서만 산란이 일어나 하늘이 새파랗게 보인다. 보통 비가 온 다음 날의 하늘이 더욱 파랗게 보이는 것도 같은 이유이다.

초가을까지는 태양고도가 높아서 낮에는 기온이 많이 오르지만, 밤에는 시베리아 벌판에서 온 공기답게 기온이 크게 떨어진다. 즉, 일교차가 커진다. 이때는 봄철에 높새가 나타날 때와 더불어 일 년 중 일교차가 큰 시기이다. 일교차가 커지면 새벽의 기온이 이슬점까지 떨어지면서 안개가 낀다. 공기 중의 수증기가 물방울로 바뀌면서 그것이 이슬이나 안개가 된다. 안개는 또 다른 가을의 전령사라고 할 만큼 가을이 시작될 무렵에 자주 낀다. 이 무렵이면 고속도로에서 이른 아침에 안개로 인한 대형 교통사고가 발생하였

가을의 안개 가을에는 일교차가 커지면서 새벽에 기온이 크게 떨어지므로 안개가 자주 낀다(전남 곡성, 2006. 10).

다는 보도를 자주 접한다.

우리의 단풍이 아름다운 까닭은?

처음 서울 생활을 할 무렵, 세종로 거리에 노랗게 물든 은행나무는 인상적이었다. 어린 시절 고향에서는 단풍이 아름답다는 것을 실감하지 못한 터였다. 당시 제주도에서는 은행나무를 보는 것도 쉽지 않았다. 은행나무가 있어서 삭막한 서울의 거리가 아름답게 보이는 한편 은행나무 때문에 꼴불견 장면도 눈에 띈다. 은행을 따기 위해 막대기로 은행나무를 두들겨 패는 장면은 행여 외국인이라도 볼까 봐 염려스럽다. 두들겨 맞은 은행나무는 제대로 단

도시의 은행나무 노랗게 물들어 가는 도시의 은행나무는 삭막한 도시의 모습을 아름답게 만든다(서울 양재대로, 2007. 11).

백양사의 단풍 가을이 되어 기온이 낮아지면서 일교차가 커지면 높은 산에서부터 단풍이 들기 시작한다(전남 장성, 2005. 10).

풍 물을 들여 보기도 전에 앙상한 가지를 드러내고 만다.

산지의 단풍을 가까이에서 바라본 것은 서울의 은행나무를 본 후로 10여 년이 훨씬 지나서였다. 아름답기로 소문난 백양사 단풍이었다. 먼 산의 단풍을 바라보기는 하였어도 그것을 손으로 만질 수 있을 만큼 가까이에서 보기는 그때가 처음이었다. 당시의 아름다움을 표현하기란 어려울 것 같다. 직업처럼 답사를 즐기지만, 그곳의 단풍을 다시 찾은 것은 그로부터 10여 년이 지난 후였다. 그 주변은 자주 찾았지만 단풍이야말로 때를 맞추기가 쉽지 않았다.

설악산의 단풍도 아름답다. 게다가 그곳의 단풍은 우리나라에서 가장 일찍 물든다. 10월 초순 설악산에서 시작된 단풍은 점차 남하하여 하순이 되면 거의 전국을 곱게 물들인다.

한라산의 단풍은 설악산이나 내장산에 비하여 아름다움이 떨어진다. 우리나라의 단풍이 아름다운 것은 한라산의 단풍이 덜 아름다운 것과 같은 이유이다. 단풍이 아름다우려면 일교차가 크면서 충분한 햇빛을 받아야 한다. 바로 그런 점에서 동양 3국 중에서도 우리나라의 단풍이 으뜸이다.

설악산 단풍 소식이 전해질 무렵이면 들녘은 온통 황금물결로 바뀌어 간다. 그리고 10월이 되면 황금 들녘은 한 해의 농사를 수확하는 일손으로 북적거린다. 이웃의 과수원에서도 붉게 물든 사과가 입맛을 돋운다. 말 그대로

사과 과수원 가을이 깊어지면, 쾌청한 하늘에 일사량을 충분히 받으면서 사과가 익어 간다(경북 영주, 2007. 10).

결실의 계절, 수확의 계절이 다가온 것이다. 일찍부터 사과로 유명한 대구나 경산 등은 가을철에 다른 지역보다 구름이 적어 일사량이 많고 일교차가 큰 곳이다.

다행스럽게도 가을철 쾌청한 우리나라의 날씨는 벼 수확에 큰 도움이 된다. 벼를 수확하고 그것을 잘 말려야 높은 값을 받을 수 있다. 수확기에 비라도 내린다면 벼의 품질은 떨어지게 마련이다. 벼를 수확할 무렵 김제 들녘에 가면 도로에서 벼를 말리는 모습과 함께 길가에 곱게 피어 있는 코스모스를 즐길 수 있다. 코스모스는 우리나라의 꽃은 아니라고 하지만, 가을 바람에

가을의 코스모스 길 가을이 되면 전국 곳곳의 주요 도로에서 코스모스가 가을 바람에 한들거리는 것을 볼 수 있다(전북 김제, 2007. 10).

한들거리는 것이 잘 어울린다. 가을 바람이 강하였더라면 그런 꽃도 분명 어울리지 않았을 것이다.

오늘날에는 안타깝게도 잘 말린 벼를 안고 있는 농부의 마음이 그리 즐겁지 못하다. 우리나라에서 쌀의 소비가 예전만 못한 데다 외국에서 값이 더 싼 쌀이 들어오기 때문이다. 20여 년 전만 하여도 도저히 상상하기 어려운 상황이다. 당시는 쓸 만한 땅은 모두 논으로 바꾸던 시절이었다. 그래서 아슬아슬해 보이는 경사지에조차도 계단식으로 논을 일구었다. 이제 그런 논은 벼 재배보다 관광객을 끌어들이는 데 더 노력을 기울이고 있는 곳이 많

계단식 경작 쌀이 귀했던 우리 선조들은 일굴 수 있는 땅은 대부분 논으로 개간하여 옥토로 가꾸어 왔다. 경사가 급한 땅을 계단식으로 일구었지만, 오늘날에는 밭작물이 재배되는 곳이 많다(경남 남해 다랭이 마을, 2007. 9).

다. 경상남도 남해의 다랭이 마을(가천리)도 그런 곳의 하나이다.

오늘날에는 더 이상 밭을 논으로 바꾸려 하지 않는다. 오히려 논에 밭작물을 심기 시작한 지 오래다. 1990년대 초반 우루과이 라운드가 타결된 이후 늘고 있는 현상이다. 그럼에도 불구하고 정부에서는 경지가 모자란다며 새로운 간척 사업을 대단위로 시행하고 있다. 개인적인 소견일지 몰라도 이 모든 상황이 참으로 안타까운 일이 아닐 수 없다. 이제는 우리나라에서도 갯벌로 보존하는 것이 더 가치 있는 일인지, 간척하여 논으로 개간하는 것이 더 가치 있는 일인지 생각해 볼 때가 되었다.

추수가 끝난 논에서는 그루갈이(이모작) 준비가 시작된다. 늦가을의 들판

그루갈이 준비 논에서 벼 수확이 끝나면 그루갈이를 위하여 남아 있는 벼 그루와 짚 등을 태운다(전북 김제, 2006. 10).

이 온통 연기로 뒤덮일 때가 있다. 부지런한 논에서는 남아 있는 벼 밑동과 볏짚을 태워 다음 작물을 준비한다. 이들을 태운 재는 이어서 재배하는 작물에 영양분을 공급해 주며, 남아 있는 해충을 박멸하는 데에도 도움이 된다. 하지만 하늘을 뒤덮은 뿌연 연기가 시정을 떨어뜨려 공항 부근에서는 비행기 이착륙에 장애 요인이 되기도 한다. 우리나라에서는 전통적으로 벼 수확을 끝내고 그 자리에 보리를 파종하였다. 오늘날에는 그루갈이 작물이 다양해져서 마늘도 이모작의 주요 작물이 되었으며, 김제의 광활에서는 보리 대신 감자를 재배하는 곳이 많아졌다.

가을이 깊어지면 들에 서리가 내리기 시작한다. 서리가 내리고 가을이 더

첫서리가 내릴 무렵의 들판 첫서리가 내릴 무렵이면 농촌에서는 막바지 수확철에 접어든다. 사진의 앞부분은 콩밭이며 콩은 보통 첫서리 후에 수확한다(전북 순창, 2007. 10).

깊어져 첫눈이 내리기 시작하면 겨울이다. 어느 지방에서든 첫눈이 내리면 월동 준비를 서두른다. 그날이 언제든지 간에 겨울이 찾아온 것이다. 이미 나무에는 앙상한 가지만 남아 있고, 들판은 텅 비어 있다. 요즘은 첫눈이 너무 늦게 내리는 경우도 있다.

첫눈은 사람들의 마음에까지 기운을 미친다. 한참 우울해하던 젊은이들도 첫눈 소식에 정신을 번쩍 차린다. 많은 이들은 첫눈이 내리는 날을 위하여 지키기 어려운 어떤 약속을 해 둔다. 나 역시 그런 약속을 한 적이 있지만 지키지는 못하였다. 오랜만에 만나는 친구들로부터 그때의 일로 타박을 들어도 크게 미안한 마음이 들지는 않았다. 요즘에는 상업 회사에서 첫눈을 소재로 하는 다양한 이벤트를 열기도 한다. 그러니 젊은이들이 그날을 더 기다릴 수밖에 없다. 아무튼 첫눈은 암울해져 가는 가을의 병을 치유해 주는 청량제 같기도 하다. 그만큼 우리의 생활에서 기후가 큰 힘이 되고 있다.

3부

기온, 강수량, 바람, 그리고 안개와 서리

10

지역 간 기온 차이가 크다

우리나라는 지역별로 기온 차이가 큰 편이다. 남북 간의 기온 차이는 말할 것도 없고 비슷한 위도상에서도 동서 간의 기온 차이가 크다. 이렇게 지역별로 기온 차이가 큰 것은 산지와 삼면을 둘러싸고 있는 바다의 영향이 크게 반영되기 때문이다.

기온은 식생과 작물의 분포, 인류의 거주 한계 등을 결정하는 데 중요하다. 일찍부터 기온은 기후지역을 구분하는 데도 중요한 요소였다. 작물과 식생의 분포에는 기온의 영향이 지배적이며, 인간 생활에는 체감 온도가 더 영향을 미칠 수 있다.

제주도에는 1960년대부터 귤 과수원이 조성되기 시작하였다. 삼나무가 방풍림으로 보급되면서 과수원 조성을 부채질하였다. 초기에는 더 따뜻한 서귀포에서만 귤이 재배되었지만, 방풍림을 조성하면서 과수원이 널리 퍼져나갔다. 방풍림은 키가 커서 마을 경관을 바꾸어 놓았다. 성장한 방풍림은 어른 키의 두세 배에 이르러, 방풍림이 들어선 후 아담하고 아기자기한 마을을 볼 수 없게 되었다. 어느 마을에서도 멀리 조망하는 일이 어려워졌다.

한라산을 바라보고 있는 방풍림과 돌담 귤 과수원을 조성하기 위하여 심어 놓은 방풍림이 제주도의 경관을 뒤바꾸어 놓았다. 방풍림 때문에 마을에서 멀리 조망하는 일이 어려워졌다(제주 제주, 2007. 1).

제주도 사람들은 포근한 곳에 먼저 귤나무를 심었다. 그것은 작은 불행을 심는 것이나 다름없었다. 바람이 강한 지역에서는 포근한 곳이 반드시 기온이 높은 것은 아니다. 사람들이 따뜻하게 느끼는 장소가 밤이 되면 기온이 더 많이 떨어질 수 있다. 주변보다 고도가 낮은 곳은 낮에는 포근하지만, 밤에는 찬 공기가 모여든다. 그런 곳에서는 귤나무가 냉해를 입을 수 있다.

1990년 1월 한파 때는 제주에서도 영하의 날씨가 일주일 가까이 계속되었다. 그런 상황에서는 귤나무가 견디기 어려워 곳곳에서 동해가 속출하였다. 대부분 바람이 통하지 않는 곳이었다. 바람은 사람을 춥게 하지만 공기를 순환시켜 기온이 크게 떨어지는 것을 막아 준다. 그래서 포근하다고 생각되는 곳에 조성한 과수원에서 피해가 컸다.

모진 풍파를 이겨 낸 과수원이지만, 점차 시장이 개방되면서 수난을 겪고

귤나무를 대신하고 있는 복분자 전국에 복분자 열풍이 불고 있다. 제주도에서는 넘쳐나는 귤나무를 베어 내고 그 자리에 복분자를 심도록 권장하였다(제주 제주, 2008. 7).

있다. 귤 수확이 끝나고 나면 곳곳에 간벌을 독려하는 현수막이 내걸린다. 귤나무를 완전히 베어 낸 과수원에는 보조금이 지급되기도 한다. 그리고 귤나무가 사라진 자리에는 전국적으로 유행처럼 번지는 복분자가 대신하고 있다. 이러다 오늘날 귤이 과잉 생산으로 값이 떨어졌듯 복분자도 천대받는 날이 오지나 않을까 염려된다.

우리나라의 기온은 비슷한 위도대에 비해 왜 낮을까

우리나라는 비슷한 위도대의 다른 나라에 비하여 기온이 낮다. 우리나라와 위도가 비슷한 나라는 남부 유럽의 포르투갈과 에스파냐, 이탈리아, 그리스, 터키 등이다. 이런 나라의 연평균기온은 우리나라에 비하여 5℃ 가까이 높다. 일본도 남북으로 길어서 단순하게 비교하기 쉽지 않지만, 비슷한 위도

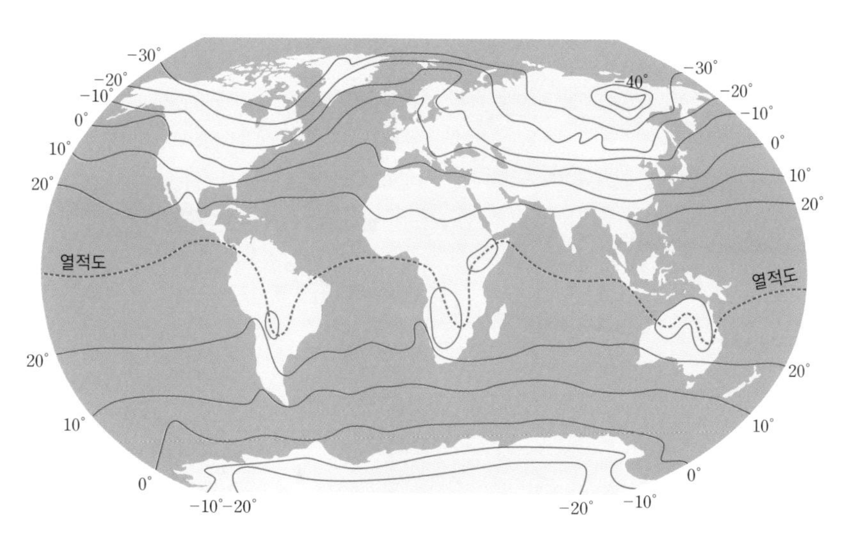

1월의 세계 기온 분포 우리나라는 비슷한 위도대에 자리 잡고 있는 다른 나라에 비하여 기온이 낮다.

대의 도시는 우리나라의 도시에 비하여 기온이 높다.

우리나라의 연평균기온이 낮은 것은 겨울 기온이 낮기 때문이다. 우리나라의 겨울 기온은 비슷한 위도대의 다른 나라에 비하여 10℃ 정도 낮다. 북위 41° 가까이에 위치하는 로마의 1월 평균기온은 8.8℃이지만, 그보다 위도가 낮은 서울은 -3℃에 이른다. 겨울철 남부 유럽은 온화한 해양의 영향을 받을 뿐만 아니라 저기압이 자주 통과하면서 비를 내리기 때문에 기온이 크게 떨어지지 않는다.

겨울 기온의 차이는 남부 유럽과 우리나라의 경관에 많은 차이를 가져왔다. 겨울에 우리나라에서는 남해안과 제주도를 제외하고는 농사짓는 것을

겨울철 중부지방의 들판 중부지방의 겨울은 기온이 낮아서 노지에서 농사를 짓기 어렵다(강원 홍천, 2007. 2).

보기 어렵다. 다른 지방에서는 농사를 짓더라도 비닐하우스에서 이루어지거나 눈 속에 가려져 있는 보리가 전부이다. 남해안과 제주도 등지에서는 노지에서 월동 배추나 마늘이 재배된다. 월동 배추는 일찍부터 전남 해남에서 재배되었으며 점차 그 재배지가 북상하고 있다. 겨울철 마늘 재배 지역도 남해안으로 제한되었었지만, 오늘날에는 서해안을 따라서 서산까지 북상하였다. 반면에 남부 유럽에서는 겨울철에 밀 등의 곡물 농업이 이루어진다. 겨울철의 기온이 온화할 뿐만 아니라 비가 자주 내리기 때문에 곡물 농업이 적당하다. 이것은 여름철에 곡물 농업을 행하는 동부 아시아와 구별되는 점이다.

가옥구조의 발달에도 두 지역의 기후 차이가 서로 다르게 영향을 미쳤다.

남부 유럽의 가옥 여름철이 뜨거운 남부 유럽의 가옥은 햇빛이 집 안으로 들어오는 것을 최소화하기 위하여 창문을 적게 하고 햇빛을 완전히 차단할 수 있는 장치를 하고 있다(포르투갈 이보라, 2008. 8).

우리나라의 가옥에는 겨울철 기온의 영향이 크게 반영되었다. 이는 시베리아 공기의 영향을 가까이에서 받는 북부지방으로 갈수록 뚜렷하다. 그러나 남부 유럽의 가옥구조에는 겨울철 기온의 영향보다 오히려 여름철의 고온이 크게 반영되었다. 창문을 적게 하여 강한 햇빛이 들어오는 것을 최소화하고 있으며, 창문에 나무 덧문을 달아서 필요시에 완전히 햇빛을 차단할 수 있게 하였다. 또한 가옥 가운데에 건조한 아라비아와 같이 중정(中庭)을 두기도 한다.

우리나라의 기온 분포에 가장 큰 영향을 준 것은?

우리나라는 국토의 면적이 좁다고 하지만 지역별 기온 차이가 크다. 중강진이나 삼수, 갑산 등의 연평균기온은 0℃ 정도이지만 서귀포에서는 16℃ 가까이 이른다. 이와 같은 남북 간의 기온 차이는 물론 비슷한 위도상에서도 동서 간의 기온 차이가 크다. 이렇게 지역별로 기온 차이가 큰 것은 산지와 해양의 영향이 크게 반영되기 때문이다.

비슷한 위도상에서 기온 차이는 산지의 영향이 크게 반영되었다. 우리나라의 연평균기온 분포도를 보면, 산지의 영향이 쉽게 확인된다. 무엇보다도 백두대간의 영향이 등온선에 잘 반영되었다. 백두대간은 백두산에서 시작된 산지의 능선이 함경산맥과 태백산맥을 따라서 남하하다가 태백산에서 서쪽으로 방향을 틀어 소백산맥을 따라 지리산 말단까지 이어진다. 등온선이 백두대간을 따라 남쪽으로 처져 있다.

삼면이 바다로 둘러싸여 있다는 점도 우리나라의 기온에 미치는 영향이 크다. 게다가 동해와 황해는 규모의 차이가 커서 서로 다르게 영향을 미친

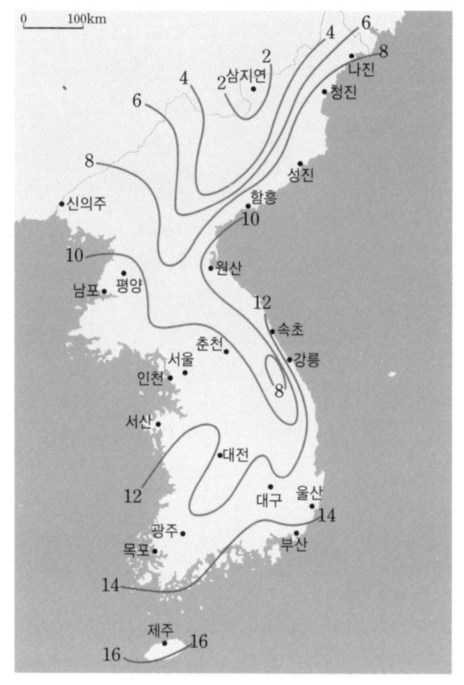

우리나라의 연평균기온(℃) 기온의 분포에는 산지의 영향이 크게 반영되어 백두대간을 따라서 등온선이 남쪽으로 처져 있다.

다. 황해는 바다 전체가 거의 대륙붕일 정도로 얕은 바다가 대부분이다. 동해는 깊은 곳은 수심이 2,000m에 이르며 연중 수온 변화가 거의 없지만, 황해는 계절에 따라서 수온 변화가 뚜렷하다. 이런 수온의 차이는 주변의 기후에 영향을 미칠 수 있다.

우리나라 기온의 동서 차이에도 산지와 바다의 영향이 크게 작용한다. 강원도 동해안에는 태백산맥이 겨울철의 차가운 북서 계절풍을 막아 주기 때문에 서해안보다 기온이 높다. 또한 동해의 겨울철 수온이 황해보다 높은 것도 동해안의 기온을 높게 하는 요인이다. 이런 두 가지의 영향으로 동해안의

서울에서 익어 가는 감 오늘날에는 서울 시내에서도 가을이 되면 노랗게 익어 가는 감을 쉽게 볼 수 있다(서울 예술의 전당, 2007. 11).

강릉은 서해안의 인천이나 강화 등에 비하여 1월 평균기온이 3℃가량 높다. 여름철에는 두 지역의 기온이 거의 비슷하다.

1월 평균기온 3℃의 차이는 적지 않은 값이다. 가장 추운 달이기 때문에 그 차이로 땅이 얼 수도 있고 그렇지 않을 수도 있다. 동해안과 서해안의 기온 차이는 두 지역의 경관에 영향을 미친다. 강릉에서는 거리에 감나무가 자라고 있고, 민가가 있는 곳에서는 대나무 숲이 무성한 것을 볼 수 있다. 감나무와 대나무는 겨울철이 온난한 곳에서 자랄 수 있는 식생이다. 그러나 위도가 비슷하지만 겨울이 추운 강화도에서는 그런 식생을 보기 어렵다. 그런데 요즘에는 서울 시내에서도 가을이면 노랗게 익어 가는 감을 쉽게 볼 수 있다.

오래전에 기후경관이 가장 잘 나타나는 도시가 어디냐는 질문을 받은 적이 있다. 지금 생각해 보면, 그때 거침없이 강릉이라도 답하였던 것이 크게 후회스럽다. 아마 시내의 가로수에 노랗게 매달린 감이 인상적이었던 것 같다. 답사 안내를 하면서도 오십천을 따라서 동해안으로 넘어갈 때 감을 강조하기도 하였다. 참으로 어리석은 대답과 설명이었다. 기후경관이 나타나지 않는 곳이 어디 있을까. 어디든 지역마다 그곳의 기후에 맞는 경관이 발달하기 마련이다. 지금은 그때의 대답을 부끄러워하는 마음을 가슴에 안고 답사를 더 하려고 노력한다.

우리나라에서는 남북 간의 기온 차이도 크다. 그 이유는 무엇보다도 우리나라가 남북으로 긴 반도이기 때문이다. 우리나라의 최북단(함경북도 온성군 유포면 북단; 북위 43°00′35″)과 최남단(제주도 남제주군 대정읍 마라도 남단; 북위 33°06′40″) 간에는 위도상으로 10° 가까이 차이가 있다. 두 지점 간의 거리가 직선으로도 1,000km가 넘는다.

또한 북쪽은 유라시아 대륙에 연결되어 있고, 남쪽은 광대한 태평양에 면하고 있다는 것도 남북의 기온 차이에 미치는 영향이 크다. 그래서 겨울 기온의 차이가 더 크다. 8월에는 기온이 가장 낮은 삼지연과 가장 높은 서귀포 간의 차이가 10.7℃에 불과하지만, 1월에는 그 차이가 무려 25℃에 가깝다. 바로 이런 점이 연평균기온 분포에 크게 영향을 미친다.

겨울철의 철원 들판 산과 들이 모두 누런색으로 변해 있다(강원 철원, 2008. 2).

겨울철 남해안의 마늘밭 남해안은 겨울철에도 온통 초록빛이다(전남 해남, 2008. 2).

남한의 가장 북쪽 지방인 철원과 남해안을 비교하여 보면, 여름철에는 두 지역의 경관 차이를 거의 찾을 수 없다. 두 지역 모두 온통 초록빛으로 물들어 있고, 녹음이 우거지기도 마찬가지이다. 그러나 겨울철이 되면 상황이 크게 바뀐다. 겨울철의 철원평야에서는 녹색을 전혀 볼 수 없다. 황량한 대지에 겨울 철새만 날고 있을 뿐이다. 그러나 남해안이나 제주도에는 겨울에도 온 들판이 초록빛이다. 거의 대부분의 밭에서 겨울 작물이 재배된다.

어느 겨울에 지리학과에 진급 예정인 예비 2학년생들과 전라남도의 남해안으로 답사를 떠난 적이 있다. 중부지방을 처음으로 벗어나 보는 학생들이 꽤 있었다. 그들은 전라도 땅에 들어설 무렵 신기한 눈빛으로 창밖을 내다보았다. 설마 하였는데, 겨울에 초록 들판을 처음 본 것이었다. 기껏해야 여름 해수욕장이나 봄 · 가을 수학여행을 다녀 본 것이 고작인 그들로서는 당연히 놀라운 경관이었다. 그 후로 고향에 가기 위하여 우리나라의 남북을 일 년에도 몇 번씩 종단하는 아이들에게 그 일화를 들려주며 기후경관의 중요성을 일깨워 줄 수 있었다.

남북 간의 기온 차이는 가옥구조에도 영향을 미쳤다. 겨울 기온이 낮은 관북지방의 가옥은 부엌의 열이 집 안에 고르게 퍼지도록 지어졌다. 그 열을 활용할 수 있도록 부엌과 방 사이에 정주간을 만들었으며, 부엌과 정주간 사이에는 문이나 벽을 두지 않았다. 정주간은 거실과 같은 용도로 사용된다. 삼국시대부터 고구려와 소통이 잦았다고 하는 동해안의 북쪽에서는 오늘날에도 관북지방의 가옥구조와 비슷한 흔적이 남아 있다. 사람들이 일상으로 생활하는 민속 마을인 강원도 고성의 왕곡 마을에서는 부엌과 마루 사이에 문을 두지 않았다. 주민들에 의하면 마루는 정주간과 같은 역할을 하였다고

동해안 북부의 가옥구조 관북지방의 영향을 받은 동해안 북부지방에서는 정주간과 비슷한 마루가 있고 부엌과 마루 사이에는 문이 없다(강원 고성 왕곡 마을, 2000. 1).

남부지방의 가옥(툇마루) 남부지방의 가옥에서 볼 수 있는 대청이나 툇마루는 여름철의 무더위를 대비한 것이다(전남 진도, 2008. 3).

하며, 부엌의 열기가 있어서 따뜻하다.

이와 달리 남부지방의 가옥에서는 넓은 대청마루를 볼 수 있다. 여름철 기온이 높은 데다 습도도 높기 때문에, 겨울 추위를 대비하는 것 못지않게 여름철 무더위를 대비하는 것이 필요하였다. 보통 서민의 가옥에는 툇마루라도 있다. 역시 여름철 더위를 대비한 것이다.

우리나라에서 더운 곳과 추운 곳은?

대구는 우리나라에서 가장 더운 곳으로 알려져 있다. 내륙의 분지에 자리하고 있기 때문에 푄 현상이 일어나 덥고 건조하다고 한다. 우리나라에서 대구에서와 같은 의미로 분지가 아닌 곳에 자리 잡고 있는 도시를 찾기란 쉽지 않다. 해안가를 제외하고는 대부분 산지로 둘러싸인 하천 주변 들판에 도시가 발달하기 마련이다.

대구의 8월 평균기온은 26.1℃로 주변 지역과 더불어 우리나라에서 더운 곳에 속한다. 제주도(26.5℃)나 전주(26.1℃), 마산(26.6℃), 광주(26.1℃) 등과 비교하여 보면, 명성에 걸맞게 높은 값을 보이는 것은 아니다. 하지만 일 최고 기온이 30℃ 이상인 날수를 보면 대구의 더위가 실감난다. 대구가 55.3일로 가장 많다. 경상북도의 의성도 49.5일로 많은 편이다. 그러나 연평균기

주요 도시의 8월 기온과 일 최고 기온 30℃ 이상 일수

지점	대구	산청	영천	의성	전주	마산	광주	제주	서귀포
8월 평균기온(℃)	26.1	25.0	25.1	24.7	26.1	26.6	26.1	26.5	26.6
30℃ 이상 일수	55.3	46.6	46.8	49.5	48.5	37.6	44.9	30.5	24.7

자료 : 기상청(2001)

온이 가장 높은 서귀포는 25일이 채 안 된다. 최근 관측 자료가 쌓이면서 경남의 합천과 밀양도 기온이 높은 고장으로 부상하고 있다.

여름철에 가장 더운 곳이 있으면 겨울철에 가장 추운 곳도 있다. 하지만 겨울철에 가장 추운 곳이라고 하면 그 지역 주민들이 달가워하지 않는다. 추운 곳으로 알려지면 다른 지방 사람들의 관심에서 멀어진다고 생각하기 때문이다. 그만큼 겨울 추위가 우리의 삶에 크게 영향을 미친다는 뜻이다.

대구가 분지여서 더운 곳이라면, 겨울철에는 분지라서 추울 것이다. 야간에 주변 산지에서 찬 공기가 흘러내려서 분지에 쌓이면 추워진다. 그러나 대구는 1월 평균기온이 0.2℃로 그리 춥지 않다. 산지를 제외하면, 1월 평균기온이 가장 낮은 곳은 강원도 홍천으로 그 값이 −5.6℃에 이른다. 홍천이야말로 산간 분지에 자리한 작은 읍이다. 그 외에도 철원, 원주, 양평 등이 추운 지역이며, 영남 내륙 지방에서는 의성과 봉화가 비교적 춥다.

양평은 한때 추위로 소문났던 지방이다. 1981년 1월에 최저 기온이 영하 30℃ 이하로 떨어지면서 가게에 진열해 놓은 소주병이 깨어지는 일이 벌어졌다. 그 사건이 뉴스를 타는 바람에 전국에 추운 곳으로 알려지고 말았다. 양평 역시 주변에 높은 산이 많다. 또한 지척에 흐르는 한강이 얼기 때문에 겨울 햇볕을 많이 반사시켜 버린다. 이런 것들이 복합적으로 영향을 미쳐 그 같은 추위를 몰고 왔다.

강원도의 작은 도시에서 기상 장교로 복무하던 군대 시절, 야간에 근무를 하고 아침에 퇴근하는 것이 싫어질 때가 있었다. 군인이라면 부대를 빨리 빠져나가고 싶은 것이 정상이다. 그러나 살을 에는 듯한 추위에 단련되지 않은 사람에게 영하 20℃의 날씨는 생각하기조차 싫은 날씨이다. 엄동설한의 의미가 무엇인지 몸으로 직접 경험한 때였다. 당시 그곳이 고향인 동료 근무자는 추위에 떠는 나와 근무하기를 꺼려할 정도였다. 그곳 역시 주변이 산지로 둘러싸여 있었다.

11
강수는 여름철에 집중된다

우리나라의 연평균 강수량은 지구 전체의 평균에 비하여 많은 편이다. 그러나 우리는 매년 물 걱정을 하면서 살아간다. 말할 것도 없이 비가 여름철에 집중되기 때문이다. 긴 장마 동안 큰비가 계속되고, 장마가 끝난 후에는 고온다습한 북태평양 기단의 영향으로 소나기가 잦으며, 저기압이 통과할 때는 엄청난 양의 비가 쏟아진다.

오늘날 우리나라의 상수도 보급률은 80%를 넘는다. 보통 시민들은 거의 마실 물을 걱정하지 않으면서 살아간다. 그러나 1980년대만 하여도 상수도 보급률이 55%에 불과하였으며, 더 거슬러 올라가면 여기저기 고여 있는 물을 먹기도 하였다.

제주도의 중산간 마을에서는 마을 근처에 고여 있는 샘물을 먹고 살았다. 샘물에는 올챙이도 살았고, 가끔 뱀도 지나다녔다. 그나마도 비가 내리지 않는 가을을 지나 겨울이 오면 거의 바닥을 드러냈다. 그러면 마을의 아낙들은 두세 시간을 한라산 쪽으로 걸어야 도착하는 또 다른 작은 샘물에서 물을 찾았다. 그 물은 물 반 진흙 반일 때가 많았다. 그렇게 물을 얻기 위하여 먼 길

제주도 마을의 샘물 제주도의 중산간 마을에서는 빗물이 고인 웅덩이나 작은 샘물의 물을 먹고 살았다 (제주 서귀포, 2008. 1).

을 걸어야 했기에 물 허벅과 물 구덕이 필요하였다. 어쩌다 눈이 내리면 그 것을 녹여 먹기도 하였다. 말할 것도 없이 먼지투성이였다.

지난 1990년대 중반 무렵, 학생들과 한여름에 추자도를 답사한 적이 있다. 한여름이라 물이 가장 넘쳐 나는 시기인데도 그곳 학교에서는 잠은 재워 줄 수 있지만, 쓰고 마실 물은 줄 수 없다는 것이었다. 할 수 없이 일행 모두가 물이 한 말씩 들어 있는 통을 들고 섬으로 들어갔다. 설마 하였는데, 도착해 보니 물이 귀한 동네란 것을 바로 깨달을 수 있었다. 집집마다 빈 공간에는 어디든지 물을 받을 준비가 되어 있었다. 심지어 마당에도 물을 모으는 장치가 있었다. 비가 내리면 그 물을 최대한 저장해 두는 것이다. 섬에서는

추자도 가옥의 물통 물이 귀하였던 추자도에서는 물을 모아 두기 위한 물통을 가옥과 그 주변에서 흔히 볼 수 있다(제주 추자도, 2008. 4).

그렇게 물이 귀하다.

그리고 5년쯤 흐른 뒤, 처음으로 울릉도를 찾았다. 추자도에서의 기억이 떠올라 넉넉하게 마실 물을 챙겨 들고 배에 올랐다. 그런데 울릉군청 직원의 첫 조언은 '울릉도는 물 인심이 최고'라는 것이었다. 어디서나 물이 넘쳐나니 걱정 말고 얼마든지 마시라고 하였다. 그러고 보니 온 동네에 물이 넘쳐흘렀다. 섬이라는 같은 환경 아래서도 이렇게 물의 가치가 달랐다.

울릉도는 우리나라의 다른 지역과 달리 흐린 날이 많고 연중 비가 고르게 내린다. 대부분의 지역은 주로 여름철에 비가 많지만, 울릉도에서는 어느 계절이나 내리는 비의 양이 비슷하다. 오히려 겨울철 강수량이 더 많은 편이다. 강수가 고르니, 자연이든 주민이든 빗물을 효율적으로 사용할 수 있다.

우리나라는 왜 홍수와 가뭄이 잦을까

우리나라의 연평균 강수량은 1,300mm 정도로 지구 전체의 평균 880mm에 비하여 많다. 그렇지만 우리는 매년 물 걱정을 하면서 살아간다. 말할 것도 없이 비가 여름철에 집중되기 때문이다. 그래서 비가 많이 내리면 많아서 걱정, 적게 내리면 적어서 걱정이다. 울릉도를 제외한 대부분 지역에서는 여름철 3개월 동안의 강수량이 일 년 동안 내리는 양의 절반을 초과한다. 심지어 어떤 날에는 한 달 치의 강수량이 쏟아진다.

강릉에서는 2002년 8월 31일에 하루 강수량이 883.2mm를 기록하였다. 이 값은 우리나라 기상 관측 사상 하루의 강수량으로는 가장 많은 양이며, 강릉 지방에 일 년 동안 내리는 강수량의 2/3에 가까운 값이다. 이날 강릉의 강수량은 웬만한 강수 관련 기록을 모두 갈다시피 하였다. 이런 비가 쏟아졌

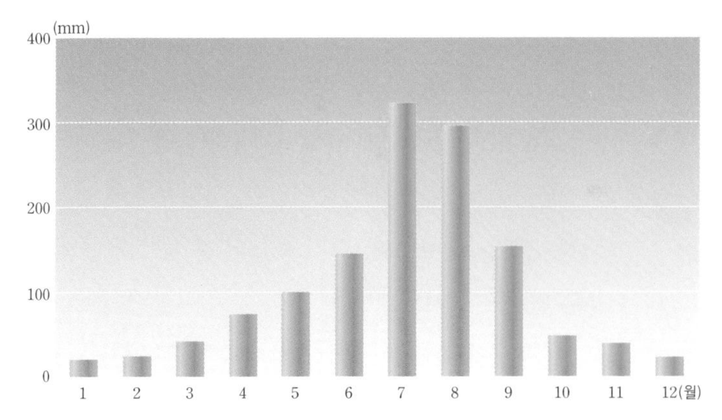

홍천의 월별 강수량 분포 홍천의 강수량은 대부분 여름철에 집중되어 있으며 우리나라 대부분 지역이 이와 비슷하다.

강릉 지방의 홍수 피해 홍수가 휩쓸고 간 지 7개월이 지났지만 아직 복구되지 않았다. 곳곳에 시멘트 판이 남아 있어 이곳이 도로였음을 보여 줄 뿐이다(강원 강릉, 2003. 3).

으니 홍수가 나는 것은 당연한 일인지도 모른다. 당시 강릉은 도시 자체의 존립이 위태로울 만큼 비로 인한 피해가 컸다. 기상청에서는 하루의 강수량이 80mm를 초과할 것으로 예상될 때에 호우주의보를 발표하고, 150mm를 넘을 것으로 예상될 때는 호우경보를 발표한다. 그러니 하루 강수량 900mm 정도라는 것의 수준을 가늠할 수 있을 것이다. 어쩌면 우리 일생에 다시 그런 기록을 보기 어려울지 모른다.

이처럼 집중호우는 홍수의 원인이 된다. 지역에 따라서 차이가 있지만, 우리나라는 전반적으로 건기와 우기가 명확하게 구별된다. 장마가 시작되는 6월 하순부터 가을이 시작되는 9월 중순 전까지는 우기이며, 그 외의 가을과 겨울, 봄으로 이어지는 시기는 건기라고 할 수 있다.

한여름에는 공기가 불안정하여 소나기가 잦을 뿐만 아니라 온대성 저기압이 통과하면서 엄청난 양의 비가 쏟아지기도 한다. 매년 8월이면 산간 계곡

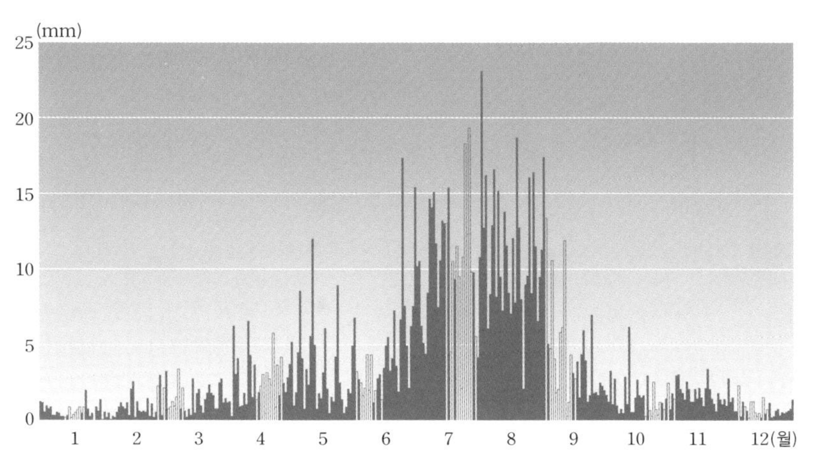

서울 지방의 일별 평균 강수량 일별 평균 강수량을 보면 건기와 우기가 명확하게 구별된다.

에서 야영하던 사람들이 갑자기 불어난 물에 고립되었다는 이야기가 빠지지 않고 들려온다. 이렇게 갑작스럽게 불어나는 물은 온대성 저기압이 통과하면서 쏟아진 강수에 의한 경우가 대부분이다.

8월 하순부터 9월 중순 전까지는 '늦장마'라고 부르기도 하는, 비가 잦은 또 다른 시기이다. 이때는 북쪽으로 올라가 있던 장마전선이 서서히 남하한다. 이 무렵에는 가끔 태풍도 한반도나 그 주변을 통과하면서 우리나라의 날씨에 영향을 미친다. 이와 같이 6월 하순부터 9월 중순 전까지는 비가 내리기에 좋은 조건을 갖추고 있다.

우기라고 해도 항상 비가 많은 것은 아니다. 장마전선이 늦게 영향을 미치거나 혹은 일찍 우리나라를 벗어나 버린다면 상황은 크게 달라질 수 있다. 장마철이지만 비가 거의 내리지 않을 때를 '마른장마'라고 한다. 마른장마가 되면 시기에 관계없이 온 국토는 가뭄에 허덕인다. 심지어 많은 피해를 가져오는 태풍조차 애타게 기다리게 된다. 신문이나 TV 뉴스에서는 간혹 이런 태풍에 '효자 태풍'이란 말까지 붙인다.

늦장마에 쏟아지는 많은 비는 홍수의 원인이 된다. 이 시기의 땅은 포화상태로 젖어 있기 때문에 많은 비가 내리면 바로 홍수로 이어질 수 있다. 땅뿐만이 아니다. 대규모의 댐에도 어느 정도 물이 차 있다. 이 시기야말로 물 관리가 어렵다. 큰비로는 마지막일 수 있기 때문에 함부로 방류하기도 곤란하다. 이 시기에는 조금만 큰 비가 와도 거의 마무리 단계에 이른 한 해의 농사를 망쳐 놓을 수 있기 때문에 늦장마는 반갑지 않은 손님이다. 혹여 벼가 침수되기라도 하면 거의 재기불능 상태로 빠진다. 반면 이 시기에 비가 내리지 않으면 이어지는 겨울과 봄에 가뭄을 겪을 수 있다. 심하면 이듬해 모내

늦장마에 침수된 논 여름철을 넘기면서 저수지와 대지가 포화 상태에 이르러 있기 때문에 늦장마 시기에 집중호우가 내리면 물난리가 난다(인천 계양, 1984. 9, 권혁재).

가뭄 속의 가을 저수지 늦장마기에 비가 내리지 않으면 가을부터 가뭄에 들기 쉽다. 심하면 겨울과 이듬해 봄까지 가뭄이 이어지면서 모내기가 어려워질 수 있다(전북 옥정호, 2008. 11).

건기에 바닥을 드러낸 하천 건기가 계속되면 작은 하천은 바닥을 드러내는 구간이 점차 많아진다(강원 속초 쌍천, 2008. 1).

기가 염려스러워진다.

우리나라 하천의 지형적인 특성도 홍수와 가뭄의 원인이 될 수 있다. 우선, 우리나라의 하천은 유역 면적이 좁다. 큰비가 내리면 곧바로 하천의 수위가 높아진다. 같은 이유로 비가 그치고 나면 빠른 속도로 물이 빠져나간다. 그러므로 홍수가 자주 일어날 수 있으나 그 기간이 오랫동안 지속되지 않는다. 뿐만 아니라 물이 쉽게 흘러가 버리므로 건기에는 바닥을 드러내는 하천이 많다.

우리나라 대부분의 하천이 동에서 서로 흐르는 것, 태백산맥과 같은 등줄기 산맥을 제외한 대부분의 산줄기가 북동에서 남서 방향으로 뻗어 있는 것도 홍수를 일으키는 원인이 될 수 있다. 대부분의 골짜기가 남서쪽으로 열려 있어서 여름철에 남서 기류가 유입될 때 많은 비가 내릴 수 있는 지형 조건이 된다.

홍수와 가뭄을 이겨 낸 조상의 지혜

우리 조상들은 거의 매년 홍수와 가뭄 같은 물 문제에 시달려 왔다. 그러므로 항상 그에 대한 대비를 하고 있어야 했다. 15세기에 강우량을 측정할 수 있는 측우기가 발명되고, 그것에 의하여 관측한 장기간의 강우량 자료가 남아 있는 것은 이와 같은 불안정한 강수와 관련이 크다.

봄 가뭄이 길어지면 일 년 농사가 걱정스러워진다. 봄 가뭄이 이어질 때는 한 달 넘게 비 한 방울 떨어지지 않을 때도 있다. 온 국민은 말라 가는 논바닥을 바라보면서 애타게 비를 기다려야 했다.

장마철이 시작되기 전에는 비가 거의 내리지 않는 날이 이어진다. 그런데다가 장마까지 늦어지면, 때 이른 불볕더위로 논바닥은 더욱 타들어 간다. 천수답에서 논농사를 지으면서 살던 시기에 장마철이 언제 시작하느냐는 온 국민의 관심거리였다. 중부지방에서는 모내기한 논바닥이 타들어 가고 이모작을 하는 남부지방에서는 논에 물을 채워야 모내기를 할 수 있기 때문이다. 오늘날에도 장마가 지나치게 늦어지면 애를 태우면서 비를 기다리기는 마찬가지이다.

우리 민족은 예로부터 철을 중요시 여겼다. 철을 놓치고 나면 일 년 농사를 망칠 수 있기 때문이다. 만약 비가 오지 않아 어쩔 수 없이 모내기철을 놓치게 되더라도 빨리 벼를 대신할 수 있는 작물을 파종했다. 이를 구황 작물

메밀꽃 메밀은 생육 기간이 짧아서 구황 작물의 역할을 하였으며, 오늘날에는 지역 축제의 자원으로서 중요한 가치가 있다(강원 평창, 2006. 9).

이라고 하며, 주로 메밀과 같이 생육 기간이 짧은 작물이다. 오늘날의 메밀은 구황 작물보다는 웰빙 작물로서의 역할이 더 크다. 또한 강원도 평창의 봉평에서는 근대 작가의 소설 덕분에 메밀꽃이 지역 축제의 중요한 자원 노릇을 한다.

물을 귀하게 여겼던 우리 조상들은 일찍이 보(洑)나 저수지를 쌓아서 물을

산간의 보 물이 귀한 산간 지역에서는 하천에 보를 만들어 물을 관리하였다. 사진 가운데 계단 모양의 시설은 물고기가 상·하류로 이동할 수 있게 만든 어도이며, 왼편 끝에 논으로 물을 보내기 위한 수문과 수로가 보인다(강원 삼척, 2006. 2).

관리하였다. 보는 저수지를 쌓기 어려운 작은 하천이 흐르는 곳에서 물을 모아 두기에 적합한 시설이다. 오늘날에도 경상북도와 강원도 산간 지역에서는 보에 물을 가두어서 가까운 논으로 물을 대는 것을 쉽게 볼 수 있다. 작은 골짜기에 축조된 소규모의 보는 우리 조상들이 얼마나 물을 귀하게 여기고 효율적으로 이용했는가를 보여 주기에 충분하다.

우리나라의 대표적 곡창 지대인 전라북도 만경강 유역이나 동진강 유역에서는 보가 상류의 저수지에서 내려오는 물을 가두어 대간선 수로로 보내는 역할을 한다. 만경강 상류에 축조된 어우보(전북 완주군 고산면)는 그 상류의 대아리 저수지에서 흘러 내려오는 물을 막아서 만경들판을 흐르는 대간

벽골제와 간선 수로 오른쪽의 둑이 벽골제의 제방을 복원한 것이며, 왼편의 물길은 김제평야를 흐르는 간선 수로이다(전북 김제, 2006. 8).

선 수로로 물길을 돌리는 역할을 한다. 동진강에서는 낙양보(전북 정읍시 태인면)가 어우보와 같은 역할을 하면서 김제 간선과 정읍 간선이라는 큰 물줄기로 물을 보낸다.

저수지는 오늘날에도 중요한 물 관리 시설이다. 1970년대 이후부터 대형 다목적 댐이 여러 곳에 축조되었지만, 저수지도 여전히 중요한 역할을 하고 있다. 제천의 의림지와 김제의 벽골제, 상주의 공검지는 오랜 역사 속에서 등장한 저수지이다. 그중 벽골제는 흔적만이 남아 있다. 가을이면 벽골제 앞의 빈터에서 풍년을 축하하는 '지평선 축제'가 열린다. 김제는 우리나라에서 유일하게 지평선을 볼 수 있는 지역이다. 고부의 눌제와 익산의 황등제

대아리 저수지 만경강 상류에 자리한 대아리 저수지의 물은 만경들의 논에 물을 대는 중요한 역할을 한다(전북 완주, 2006. 10).

등도 이름 있는 저수지였지만, 그 깊이가 깊지 않아서 물을 많이 저장하기 어려웠다. 가뭄이 길어지면 역시 바닥을 드러내기 일쑤였다.

오늘날 저수지는 수리 안전답의 절반 이상에 물을 대고 있으며, 만경강 상류의 대아리 저수지는 농업용으로서 규모가 큰 편이다. 대아리 저수지는 일제 강점기에 축조된 것으로, 만경강의 직강화 사업과 병행하여 이루어졌다. 즉, 근대적 의미로 만경평야 개발의 시작이라고 할 수 있다. 그러나 대아리 저수지의 물만으로는 만경강 유역에 물이 부족하여 그 상류에 동상 저수지와 경천 저수지를 쌓았고, 그것으로도 부족하자 금강 상류의 용담댐에서 물을 끌어오고 있다. 이런 상황은 동진강 유역도 마찬가지이다. 동진강 유역도

칠보의 유역 변경식 발전 섬진강의 물을 동진강 유역으로 끌어들여 발전하고 있다. 사진 가운데의 흰색 파이프가 도수관이며, 왼편 아래의 물줄기가 동진강이다(전북 정읍, 2006. 10).

물이 부족하여 섬진강댐을 축조하고 칠보로 물을 끌어들여 동진강에 더하고 있다. 이와 같이 다른 유역의 물을 끌어다 발전하는 것을 유역 변경식 발전이라고 한다. 만경강 유역과 동진강 유역의 들판을 적시면서 흐른 물은 각각 옥구 저수지와 청호지로 모여든다.

소나기는 쇠잔등을 가른다!

날씨와 관련된 우리의 속담 중에 '소나기는 쇠잔등을 가른다'는 말이 있다. 그만큼 소나기가 국지적이란 뜻이며 여기서 쇠잔등은 산줄기를 가리키는 말이다.

소나기가 쇠잔등을 가르는 상황은 우리나라의 지역별 강수량 분포에도 적용된다. 우리나라의 연평균 강수량은 지역별로 차이가 크다. 연 강수량이 많은 곳은 2,000mm에 가깝지만 적은 곳은 1,000mm에도 못 미친다. 제주도 한라산의 남동쪽 사면은 강수량이 가장 많은 곳으로 연평균 강수량이 1,900mm 정도이다. 남해안도 한라산의 남동쪽 사면 못지않게 강수량이 많은 지역이다. 지리산과 그 주변 지역, 대관령을 비롯한 태백산 줄기, 동해안

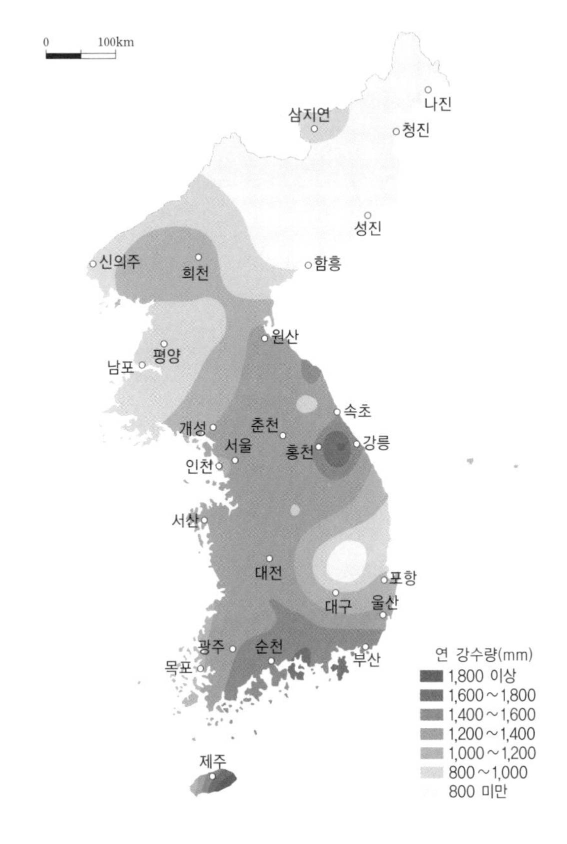

연평균 강수량의 분포(기상청) 우리나라의 강수량 분포에는 산지의 영향이 커서 산지의 바람 불어오는 쪽에 강수량이 많고, 바람그늘 쪽에 적다.

지형이 강수 분포에 미치는 영향 한라산 너머로 구름이 발달하고 있다. 그 구름의 영향으로 산 너머에는 소나기가 내리지만 반대 사면에는 맑은 날씨가 나타나고 있다(제주 제주, 2007. 8).

의 강원도 북쪽 지방 등도 연평균 강수량이 1,500mm가 넘는다. 태백 산지에 가까운 한강과 금강 유역도 강수량이 많은 지역이다.

강수량이 많은 지역은 어디든 주변의 지형과 관련이 있다. 제주도의 경우 한라산을 중심으로 강수량의 지역 차이가 확연하다. 남동풍이 불 때는 남동쪽 사면의 강수량이 많고 북서풍이 불 때는 북서쪽 사면의 강수량이 많다.

여름철 어느 날, 제주도의 서로 다른 쪽 해안에서 휴가를 즐긴 사람들이 저녁에 만나면 전혀 엉뚱한 날씨 경험을 털어놓는 경우가 많다. 동풍계의 바람이 부는 날 동쪽의 해수욕장으로 떠난 사람은 이슬비나 흐린 날씨 속에 하루를 보내지만, 서쪽으로 떠난 사람은 쾌청한 날씨에 한여름의 바닷가를 만끽하고 돌아온다.

그 밖의 강수량이 많은 지역은 대부분 여름 계절풍인 남서풍이 불어와서 산지에 부딪히면서 상승기류가 만들어지는 곳이다. 지리산 주변과 한강 및 금강 유역이 그런 예이다.

대관령은 높은 산지이기 때문에 강수량이 많은 곳이다. 태백산맥의 능선에 자리하고 있기에 어느 방향에서 바람이 불어와도 비가 내릴 가능성이 크다. 서쪽에서 바람이 불어와도 상승기류의 영향을 받지만, 겨울철과 늦은 봄에서 여름 사이에 북동풍이 불 때도 많은 강수가 내릴 조건이 된다. 산지와 평지에 내리는 눈과 비를 양적으로 비교하여 설명하기는 어렵지만, 경험적으로 보아 높은 산에 올라 본 사람이라면 산지에 강수량이 더 많다는 것을 쉽게 이해할 수 있다.

경상북도의 내륙과 서해안은 강수량이 적은 곳이다. 그중 의성, 안동, 구미 등 경상북도의 내륙과 대구는 연평균 강수량이 1,000mm 정도에 불과하다. 의성은 연평균 강수량이 972.1mm로 우리나라에서 강수량이 가장 적은 곳이다. 북한까지 포함하면 개마고원이 비가 가장 적게 내리는 지역이다.

대동강 하류 지역이나 경기만 연안, 전라남도의 서해안은 주변이 평평하여 상승기류가 발달하기 어렵다. 무안, 함평 등 전라남도 서해안의 들판에는 물을 확보하기 위하여 밭 곳곳에 물 저장 시설을 갖추고 있다. 물 문제가 심각하다는 것을 잘 보여 주는 경관이다.

강수량이 적은 지방에서는 그것을 이용한 산업이 발달하였다. 서해안에 일찍이 염전이 많이 들어선 것은 이 지역의 강수량이 적기 때문에 가능하였다. 소금을 만들기 위해서는 바닷물을 쉽게 끌어들이는 것도 중요하지만, 무엇

염전 강수량이 적어서 일조 시간이 긴 서해안에는 일찍부터 천일제염업이 발달하였다(전북 부안, 2006. 10).

보다도 비가 적게 내려야 한다. 그러므로 염전이 발달한 곳에서는 대부분 조석 간만의 차이가 커서 갯벌이 발달하였고, 강수량이 적어 일조 시간이 길다. 우리나라 최초로 염전이 시작되었다는 대동강 하구의 광량만은 개마고원 다음으로 강수량이 적은 지역이다. 이곳의 연평균 강수량은 900mm에 못 미친다. 그 밖의 경기만이나 곰소만, 신안군 일대 등 염전이 발달한 곳은 모두 강수량이 상대적으로 적은 곳이다. 과거 염전으로 유명하였던 경기만의 군자, 소래 등에는 대규모의 간척이 이루어져 산업 단지와 주택 단지가 들어서 있다.

대구와 경산 등이 일찍부터 사과로 유명한 것은 그 지역의 강수량이 적은

배 과수원 강수량이 적어서 일조 시간이 긴 지역에는 일찍부터 과수원이 발달하였다. 배 산지로 유명한 나주도 서해안에 가까워서 강수량이 많지 않다(전남 나주, 2007. 4).

것과 관련이 크다. 나주배가 일찍부터 이름을 날릴 수 있었던 것도 역시 강수량이 적은 지역이라 가능하였을 것이다. 강수량이 적어서 일사량이 많은 곳의 과일은 당도가 높아서 소비자가 선호한다. 때문에 그러한 곳에는 대부분 과수원이 발달하였다. 오늘날에는 비가 아주 많은 곳이 아니면 전국 어디에서든지 과수원을 볼 수 있으며, 과일의 종류도 다양하다.

눈이 많이 내리는 곳은?

우리나라 사람들 중에 고등학교에서 지리를 배웠던 사람이라면, '눈' 하면 울릉도를 떠올릴 것이다. 울릉도는 우리나라에서 겨울철 강수량이 가장

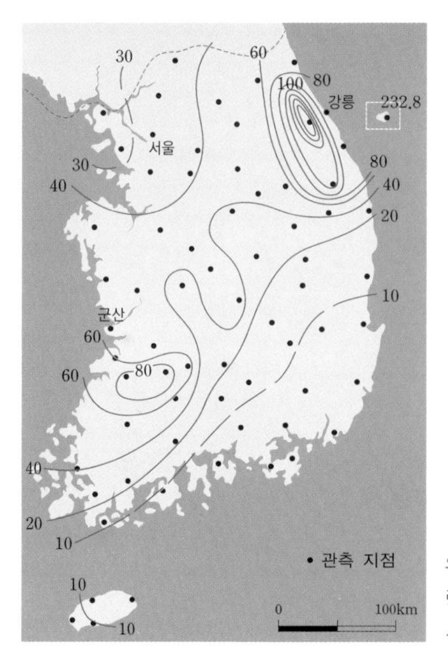

우리나라 강설량 분포(1971-2000년 평균) 강설량은 지형의 영향을 많이 받아서 바다에 가까우면서 산지가 있는 곳에 많다.

많고 눈도 가장 많이 내리는 곳이다. 울릉도의 연평균 강설량은 232.8cm로 대관령(258.8cm) 다음으로 많다. 대관령이 산지라는 점을 감안한다면 울릉도가 강설량이 가장 많은 곳이다. 눈이 내리는 날수도 연평균 57.8일로, 일년 중 두 달 정도 눈이 내린다. 울릉도가 비슷한 위도상의 다른 지역에 비하여 겨울철 기온이 높다는 점을 고려한다면 역시 적은 값이 아니다.

울릉도의 눈은 주로 찬 북서 계절풍이 불어올 때에 많이 내린다. 이때의 우리나라 상공의 공기는 매우 차다. 그러나 동해에는 동한난류가 흐르고 있어서 수온이 크게 떨어지지 않는다. 그럴 때는 찬 공기와 따뜻한 바닷물 사이에서 구름이 발달한다. 그 구름이 종 모양으로 생긴 울릉도 섬에 부딪히

울릉도의 알봉과 주변의 눈 울릉도 안에서도 성인봉의 북쪽에 자리한 알봉과 그 주변에 눈이 가장 많이 내린다. 가운데 산이 알봉이고 그 주변을 눈이 하얗게 덮고 있다(경북 울릉, 2000. 1).

면, 급격하게 상승하면서 더욱 발달하여 많은 눈을 내린다. 울릉도에서도 성인봉의 북쪽에 자리하고 있는 알봉 주변과 나리 분지에 눈이 많다.

영동지방도 눈이 많은 곳이다. 강릉과 속초의 연평균 강설량은 약 80cm로 산지와 울릉도를 제외하면 가장 많은 곳이다. 영동지방은 북동풍이 불 때 눈이 많이 내린다. 그러므로 눈이 내리는 시기가 울릉도와 다르다. 다른 지역은 눈이 거의 그치고 이제 막 봄 맞을 준비를 하고 있을 무렵 영동지방에서 눈 소식이 전해진다. 몇 개 마을이 고립되었다는 내용을 포함할 정도로 거의 대부분 폭설 소식이다. 월동 장비를 갖추지 않은 차량은 태백산맥의 고개를 넘지 못하도록 통제하고 있다는 것은 말할 나위도 없다. 그런 탓에 강

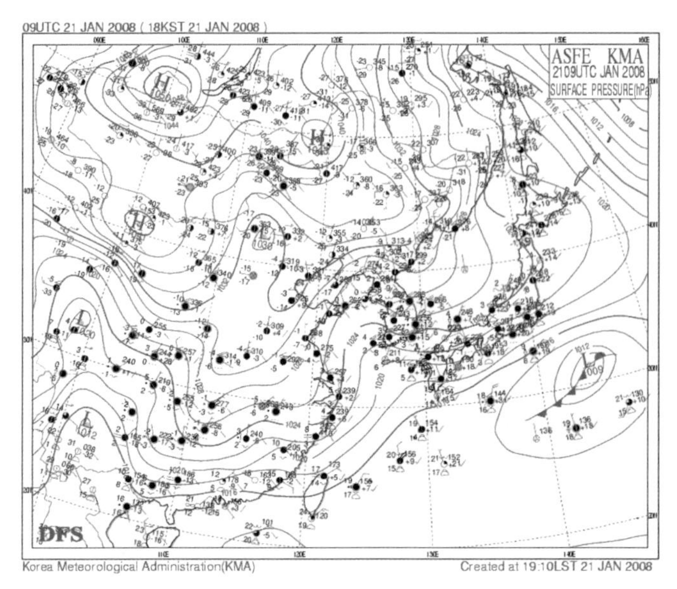

영동지방에 눈 내리는 날의 일기도 우리나라의 북쪽이나 북동쪽에 이동성 고기압이 자리 잡고 있어서 등압선 방향이 북동에서 남서 방향으로 발달한 경우 영동지방에 많은 눈이 내릴 수 있다(기상청, 2008. 1. 21).

릉에서는 전국 어느 도시보다도 스노타이어가 잘 팔린다.

영동지방의 눈은 폭설로 내리는 것이 특징이다. 해안선에서 태백산맥 주능선까지의 거리가 대략 10km를 크게 벗어나지 않기 때문이다. 즉, 좁은 지역에서 두꺼운 구름이 발달하여 폭설이 된다.

찬 북서 계절풍이 강하게 불어올 때는 서해안에 접한 전라도와 충청남도에도 많은 눈이 내린다. 특히 호남지방에 눈이 많은 편이다. 호남지방에 눈이 내릴 때에도 다른 지역은 쾌청하다.

대학생이었을 때 호남지방의 눈을 잘 이해하고 있지 못하여 여러 차례의

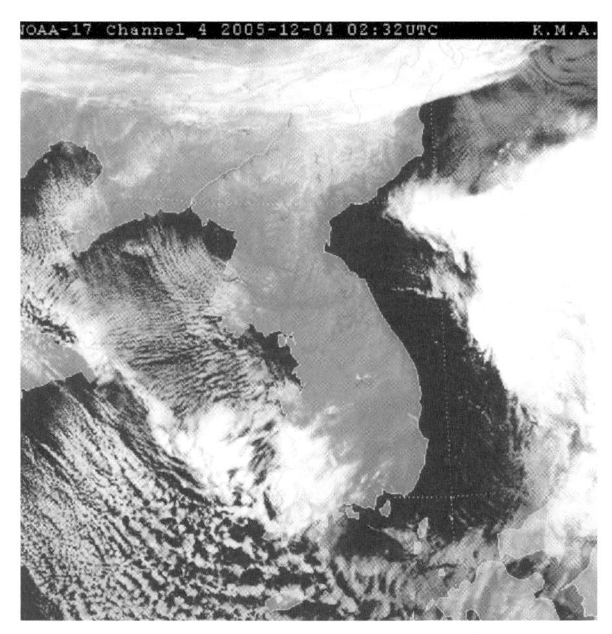

북서풍이 불 때의 구름 모습 찬 북서풍이 불 때는 경기만 남쪽 서해안에 구름이 발달하면서 충청남도와 전라도 서해안에 많은 눈을 내린다(NOAA 영상, 기상청, 2005. 12. 4).

낭패를 겪기도 하였다. 오랜만에 고향에 갈 때, 혹시 여객선을 놓치지나 않을까 하는 조바심으로 이른 시간에 고속버스를 탔다. 쾌청한 서울의 하늘을 보면서 출발하지만 천안 부근에 이르면 서쪽 하늘에 구름 조각이 하나 둘 눈에 띄기 시작한다. 버스가 회덕분기점을 지나 호남고속도로를 달리기 시작할 때쯤이면 구름의 양은 훨씬 많아져 있다. 남쪽으로 갈수록 점차 구름의 양이 급격히 늘어나더니, 결국 전라북도 땅에 다다르면서 눈발이 내리기 시작한다. 그리고 노령산맥을 통과하는 호남터널을 지날 무렵이면 제 속도를 내기 어려울 만큼 많은 눈이 고속도로에 쌓여 있다. 여유를 가지고 출발한 고향 길이었지만, 목포항에 도착하였을 때는 이미 제주로 가는 여객선이 고동을 울렸거나 배의 발이 묶였다는 방송이 나간 후였다.

호남고속도로에서의 낭패를 만회라도 하려는 듯, 3년여 동안 호남지방에 눈 소식만 들리면 자동차를 끌고 서해안을 따라서 군산까지, 그리고 군산에서 전주까지 여러 차례 답사한 적이 있다. 시간이 지날수록 눈의 양이 많아지는 길을 달리는 것이 주변에 걱정을 안기기도 하였지만, 새로운 사실도 알아냈다. 그중 하나는 북서풍이 불 때 내리는 눈은 아산만을 지나면서, 즉 충청남도에서부터 시작된다는 것이다. 이때 경기도에는 눈이 내리지 않는다. 아산만의 평택 땅에서 공세리 방면을 바라보면 함박눈이 펑펑 쏟아지고 있지만, 평택에는 눈이 내리지 않는다. 또 다른 하나는 군산에 내리는 눈과 정읍이나 전주 등에 내리는 눈이 다르다는 것이다. 해안가의 눈은 바다효과에 의한 것이지만, 산지와 그 가까이에 내리는 눈은 지형에 의한 공기 상승이 눈을 발달시키는 것이었다. 20여 년 가까이 지난 뒤 과거의 낭패를 보상받은 기분이었다.

호남지방의 눈은 동해안과 다르다. 호남지방에는 북서 계절풍이 강할 때 자주 눈이 내린다. 그러므로 주민들은 잦은 눈에 대비를 할지 몰라도 폭설에 대한 대비는 소홀한 듯하다. 2005년 12월에 폭설이 쏟아지자 호남지방에 온통 난리가 났다. 곳곳에서 가옥이 붕괴되고, 비닐하우스가 파괴되는 등 피해가 속출하였다. 눈은 비와 달리 내리면서 쌓이기 때문에 그 무게로 인한 피해가 적지 않다. 그러나 어디서든 대비를 하면 피해가 적기 마련이다. 당시 대부분 인삼밭 시설이 무너졌으나 이웃하고 있는 곳일지라도 멀쩡한 인삼밭이 있기도 하였다.

폭설이 쏟아진 후의 인삼밭 같은 양의 눈이 내렸지만 왼편의 인삼밭은 시설이 모두 무너졌고 오른편의 밭은 무사하다. 대비가 얼마나 중요한지를 잘 보여 주는 예이다(전북 부안, 2005. 12).

한라산의 북쪽 사면에서도 북서 계절풍이 강할 때 눈이 내린다. 제주도에서는 해발 100~200m에 자리 잡은 마을을 중산간 마을이라 한다. 제주도의 눈은 이런 마을에 많은 영향을 미친다. 그런 마을에는 '눈붕애' 라는 말이 있다. 강한 바람과 함께 몰아치는 눈 폭풍과 같은 의미이다. 광활한 들판에서 그런 눈을 맞으면 길을 잃기 십상이다. 중산간 마을 사람들 중에는 '눈붕애' 속에서 길을 잃은 가족을 둔 경우가 종종 있다. 이런 눈을 보면서 자랐기에 소리도 없이 내린 서울의 눈은 의아할 정도였다.

12

계절마다 바람이 바뀐다

우리나라의 바람은 계절에 따라 방향이 크게 바뀐다. 그런 바람을 계절풍이라고 부른다. 겨울철에는 시베리아 벌판의 기압이 높아서 찬 북서 계절풍이 몰아치는 날이 많다. 여름이면 대륙은 빨리 뜨거워지지만 해양은 서서히 가열되기 때문에 태평양의 기압이 높아서 북태평양에서 남동 혹은 남서 계절풍이 불어온다.

한여름에는 바람을 애타게 기다리던 적이 많았다. 초등학생이었던 시절, 여름 방학이 다가올 무렵이면 학교에서 집으로 돌아가는 길에 바람 한 점이 없다. 바람을 부르기 위하여 휘파람을 불어 보지만 어림도 없다. 그래도 부모님들의 애타는 마음에는 비할 바가 못 된다.

작열하는 태양 아래, 뜨거운 지열이 뿜어져 나오는 후덥지근한 콩밭에 앉아 김을 매고 있으면 바람 한 점이 애달프도록 그리워진다. 그럴 때 부모님들은 휘파람을 불었다. 어쩌다 가는 실바람이라도 불어오면 뜨거운 태양과 무더운 지열은 다 잊혀졌다. 한참 땀을 쏟아내고 난 후의 물 한 모금만큼이나 반가운 바람이었다. 그러면서 우리 부모님들은 점차 휘파람이 바람을 가

한여름 콩밭의 김 매기 바람 한 점 없는 한여름 날에 콩밭의 김을 매고 있으면 실바람이라도 애달프게 그리워진다(제주 제주, 2007. 8).

져온다고 믿게 되었다.

한겨울에 휘파람을 불면 어른들에게 혼이 난다. 제주도 사람들에게 겨울 바람은 지겨운 존재이다. 그냥 있어도 바람이 불어올 마당이라 휘파람이 필요 없다. 한겨울에 불어오는 찬 바람은 때로 견디기조차 어렵다. 겨울에 따뜻한 남쪽 섬을 기대하고 제주도를 찾은 이방인이라면 찬 바람에 큰 고생을 한다. 제주도는 한겨울에도 영하로 떨어지는 경우가 거의 없다. 그러나 겨울철 제주도에 첫 발을 디디는 사람들은 대부분 바로 그 순간에 '제주도가 왜 이리 춥냐' 고 한다. 방심하고 찾은 사람들은 대부분 제주도의 추위에 혼쭐이 난다. 제주도 사람들에게 서울은 무척 추운 곳으로 생각되는데, 그런 서울 사람이 제주도의 추위를 못 견뎌 한다. 바로 쉬지 않고 몰아치는 매서운 북서풍 때문이다.

바람은 역시 겨울바람이 매섭다

우리나라의 바람은 계절에 따라 방향이 바뀐다. 그런 바람을 계절풍이라 부른다. 우리나라는 거대한 유라시아 대륙과 태평양 사이에 자리를 잡고 있어서 두 지점의 온도 차이에 따라 풍향이 바뀐다. 겨울철에는 시베리아 벌판의 기압이 높아서 찬 북서 계절풍이 강하게 몰아치는 날이 많다. 여름이면 태평양의 기압이 높아서 북태평양에서 남동 혹은 남서 계절풍이 불어온다.

겨울철에 바람이 강한 것은 대륙과 해양의 온도 차이가 크기 때문이다. 시베리아 벌판은 영하 50℃ 가까이 기온이 떨어져 있지만, 북태평양은 영상 20℃를 넘으며 우리나라 주변의 해양도 영상 10℃ 이하로 떨어지는 경우가

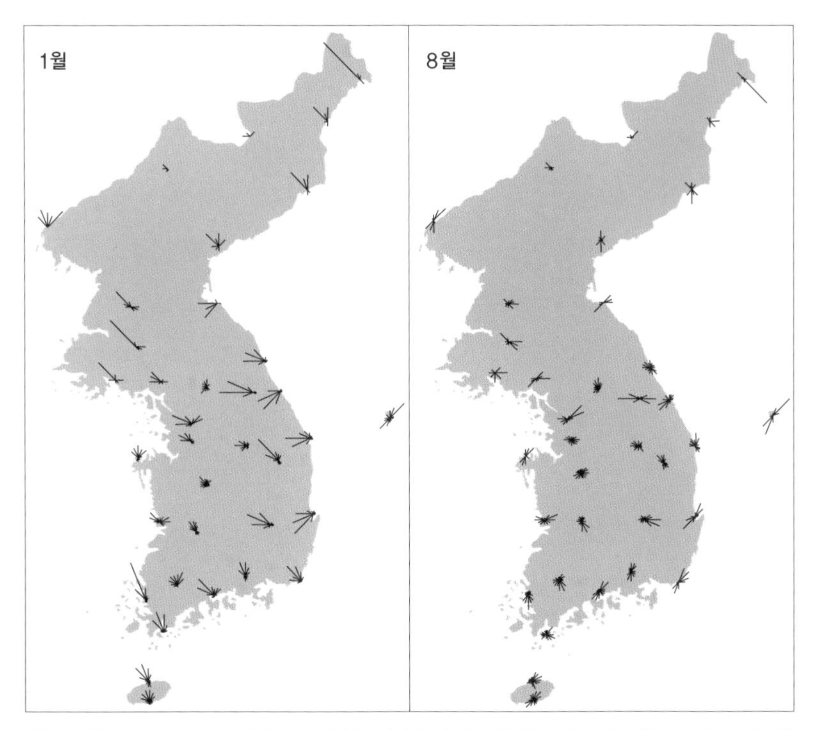

1월과 8월의 바람 장미 우리나라의 바람은 계절에 따라 풍향이 바뀌며 겨울에는 북서풍, 여름에는 남동이나 남서풍이 우세하다.

드물다. 이와 같이 시베리아 벌판과 북태평양 사이의 온도 차이가 강한 바람을 만든다.

바람은 온도 차이에서부터 시작된다. 차가운 곳에는 공기가 쌓여서 밀도가 높아져 고기압이 발달한다. 반면 뜨거운 곳에서는 데워진 공기가 가벼워져 위로 상승하므로 공기 밀도가 낮아 저기압이 발달한다. 공기는 밀도가 높은 고기압에서 낮은 저기압으로 이동한다. 이런 공기의 이동이 바람이다. 바람이 강할 때는 시베리아 대륙이 가장 심하게 냉각되는 시기로, 대한(大寒)을 전후로 전국적으로 추위가 기승을 부릴 때이다.

바람 부는 겨울의 어느 날, 제주도 북서쪽에 자리한 협재 해수욕장의 해안 사구 위에 서 있어 보면 바람의 의미가 쉽게 다가온다. 가만히 서 있어도 뭔가가 얼굴을 마구 때린다. 가는 모래가 날리는 것이다. 모래가 날리지 못하게 비닐로 덮어 놓았지만 그래도 소용없다. 협재 해수욕장 앞에는 비양도가 있어서 작게나마 북서풍을 막아 준다. 그것조차도 없는 북동쪽의 김녕 해수욕장에 서 있으면 바람의 의미가 더욱 강력해진다. 그러나 어느 정도 나이를 먹을 때까지 그런 바람을 겪어 보지 못하였다. 고향이 중산간이기 때문이다.

한겨울의 제주도 해수욕장 제주도 북쪽 해안에 자리 잡은 해수욕장에서는 북서 계절풍이 불어올 때 모래가 내륙으로 날리는 것을 막기 위해서 겨울 내내 비닐 막을 덮어 놓는다. 멀리 보이는 섬은 비양도이다(제주 협재 해수욕장, 2006. 1).

제주도의 중산간과 해안가의 바람은 차이가 크다. 같은 날 해안에서 중산간으로 온 사람은 제주도 말로 '푹하다'고 한다. 그 말은 바람이 고요하여 포근하다는 의미이다. 해안에서 살던 사람은 중산간의 바람을 거의 느끼지 못할 정도라고 한다.

제주도의 해수욕장에서는 개장을 앞두고 다른 곳에서는 흔히 볼 수 없는 광경을 목격할 수 있다. 겨울바람의 힘을 단적으로 보여 주는 장면이다. 북쪽 해안에 자리 잡은 대부분의 해수욕장은 겨울철에 모래가 날리는 것을 막기 위하여 처절하게 노력한다. 하지만 엄청난 양의 모래가 내륙으로 날아가 해수욕장을 개장하기 어려워진다. 그래서 6월이 되면 바로 그 사라진 모래

제주도 해수욕장의 모래 보충 작업 한겨울에 모래를 잃은 제주도의 북쪽 해수욕장에서는 개장 전에 부족한 모래를 보충하는 작업을 해야 한다(제주 협재 해수욕장, 2007. 6).

제주도 북동쪽 해안의 경작지 제주도 북동쪽 해안으로부터 2~3km 떨어진 경작지에서도 해안에서 날아온 모래가 가득 차 있는 것을 볼 수 있다(제주 제주, 2006. 1).

를 보충하는 작업을 해야 한다. 해수욕장마다 대형 덤프트럭을 동원하여 모래를 채우느라 바쁘다. 해수욕장에서 날아간 모래는 내륙으로 2~3km씩이나 이동하여 경작지에 쌓인다. 물론 그런 경작지에서는 모래가 농사를 방해하여 애로를 겪기도 한다.

서해안에 눈보라가 날릴 때, 서쪽을 향해서 잠시 서 있어 보면 북서 계절풍이 무엇인지 바로 실감할 수 있다. 추위를 알아주는 지역에서 자랐다고 하는 사람이라도 한겨울 김제의 광활에서 찬 바람을 맞는다면 그 소리가 싹 사라지고 말 것이다. 물론 조금이라도 더 북쪽 해안으로 가면 추위는 더 심해진다.

서해안의 편향수 서해안의 해안사구에서 자라는 해송은 겨울철 북서 계절풍의 영향으로 줄기가 내륙 쪽으로 크게 기울어 있다(충남 몽산포 해수욕장, 2007. 12).

서해안에서는 바닷바람에 강하다고 하는 해송도 견디다 못해 모두 내륙을 향하여 줄기가 기울어 있다. 이런 나무를 편향수라고 부른다. 편향수는 해송보다 활엽수에서 더 잘 찾아볼 수 있다. 바닷가 가까이에 자리한 마을의 당산나무 중에는 팽나무나 느티나무가 많다. 이런 나무는 해송보다 염분에 약하기 때문에 강한 바람과 더불어 염해를 입어 상당히 비대칭적으로 성장한다. 제주도의 북쪽 해안이나 서해안 도서 지역에서 어렵지 않게 관찰할 수 있다.

우리나라의 봄은 일 년 중 가장 건조하다. 건조할 때는 지역 간 약간의 가열 차이가 생기더라도 큰 바람의 원인이 된다. 그러므로 대륙에서도 건조한

대륙 내륙의 풍력 발전 단지 건조한 지역에는 온도 차이가 크게 발생하여 바람이 강하게 분다. 이런 곳에는 대규모의 풍력 발전 단지가 들어선다(중국 신장성, 2007. 6).

곳이라면 큰 바람이 불 수 있다. 중국 서역의 건조한 지역을 여행하다 보면 대규모의 풍력 발전 단지를 만난다. 주변에는 높은 산지가 많고 바람이 없을 것 같은 곳인데도 풍력 발전기가 힘차게 돌아가고 있다. 바람이 강한 곳임을 잘 보여 준다. 우리나라에서는 해안이나 높은 산지에서나 볼 수 있다.

비슷한 이유로 우리나라의 봄철에는 내륙에서 바람이 강하게 분다. 봄철에 큰 강의 다리를 건너는 것이 위험하다고 느낀 적이 한두 번씩은 있을 법하다. 역시 나른한 오후에 고속도로를 달리다 보면 어느 순간 옆에서 불어오는 바람 때문에 위험을 느낀 적이 여러 번 있을 것이다. 그 바람은 해가 떨어지면서 급격히 약화된다. 해가 떨어지면 온도 차이가 작아지기 때문이다. 내륙 지방에서 4월은 월평균 풍속이 강하지 않지만, 강풍 빈도가 잦다.

태풍은 가을의 전령사이다

매년 늦여름에서 초가을 사이에는 한두 개의 태풍이 우리나라나 주변을 지나간다. 물론 조용히 지나기보다는 적지 않은 피해를 입히고 지나는 경우가 대부분이다.

가뭄이 길어지면 태풍을 기다리기도 하지만, 대부분 태풍이 오는 것을 아주 싫어한다. 한여름에 해수욕장에서 장사하는 사람들이 대표적이다. 태풍 소식이 전해지면 인파로 북적이던 백사장이 썰렁하게 변한다. 태풍이 한번

태풍이 오기 전의 백사장 태풍이 우리나라로 접근한다는 예보가 나오면 전국의 해수욕장이 썰렁하게 변한다(충남 무창포 해수욕장, 2007. 8).

훑고 가면 하늘은 깨질 듯 파랗고 바닷물은 옥색이 되지만, 백사장에는 사람보다 쓰레기가 더 많이 뒹군다. 그렇게 태풍은 해수욕장에서 사람들을 몰아내 버린다.

태풍이 광복절을 전후한 시기에 찾아오면 백사장의 모습은 더욱 극명하게 뒤바뀐다. 찾아오는 피서객이 거의 없다. 이렇게 백사장이 한산해진 것은 계절이 거의 바뀌었음을 의미한다. 이제 가을이 다가온 것이다. 물론 태풍이 지나고 난 후에도 뜨거운 낮이 계속되기도 한다. 그러나 대부분의 사람들은 공기가 달라졌음을 실감한다. 해가 지고 나면 하루가 다르게 선선한 공기로 바뀌어 가고 있음을 누구나 알 수 있다.

태풍이 지나고 나면 왜 계절이 바뀌는 것일까? 태풍은 저기압의 일종이다. 지구 상의 기압계는 차가운 극지방과 무더운 적도 지방의 공기에서부터 시작된다. 극지방에는 연중 찬 공기가 가라앉아 있어서 극 고기압대가 발달한다. 반면 적도 지방은 열이 남아도는 곳이라 더운 공기가 상승하면서 적도 저기압대를 발달시킨다. 적도 저기압대에서 만들어진 작은 소용돌이 가운데 끝까지 살아남은 것이 점차 태풍으로 성장한다. 태풍은 적도 부근의 풍부한 열과 수증기를 가지고 중위도 지방으로 이동한다. 그런 태풍이 우리나라로 다가올 때는 남쪽에 중심을 두고 있는 북태평양 고기압과 북쪽의 시베리아 고기압 사이를 지난다. 즉, 북태평양 고기압의 가장자리를 따라서 포물선 모양을 그리며 이동한다. 이때 두 고기압의 강약에 따라서 진로가 바뀌며, 8월에 발달한 태풍은 우리나라를 직접적으로 지난다. 태풍이 북상하면서 북태평양 고기압의 세력을 우리나라에서 멀리 몰아낸다. 그러므로 태풍이 지나가고 나면 점차 선선한 날씨로 바뀐다. 그런 의미에서 태풍을 '가을의 전

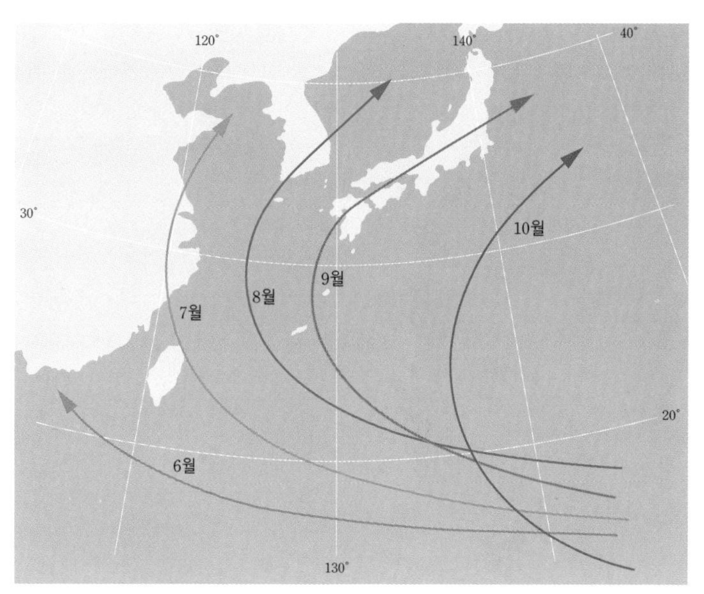

우리나라 주변의 태풍 진로 태풍은 초여름부터 가을까지 우리나라에 영향을 미칠 수 있으나 8월에 발달한 태풍이 직접적으로 영향을 미친다.

령사'라고 할 수 있다.

태풍은 비교적 빠른 속도로 이동한다. '9시 뉴스'를 통하여 점차 다가오는 태풍에 떨고 있는 섬이나 해안의 모습을 본 이튿날 아침이면 태풍이 이미 우리나라를 빠져나갔다는 소식이 전해진다. 우리나라 부근에서 태풍의 이동 속도는 대략 시속 40km이니 하룻밤 사이면 충분히 제주도 남쪽에 있던 태풍이 먼 동해 상으로 빠져나갈 수 있다. 태풍이 지나고 난 날에는 하늘이 쾌청하고 시정이 좋아서 내륙 지방 사람들의 기분을 상쾌하게 해 준다. 그러나 섬이나 해안에서는 태풍이 남긴 피해를 복구하느라 쾌청한 하늘을 감상할 시간조차 주어지지 않는다.

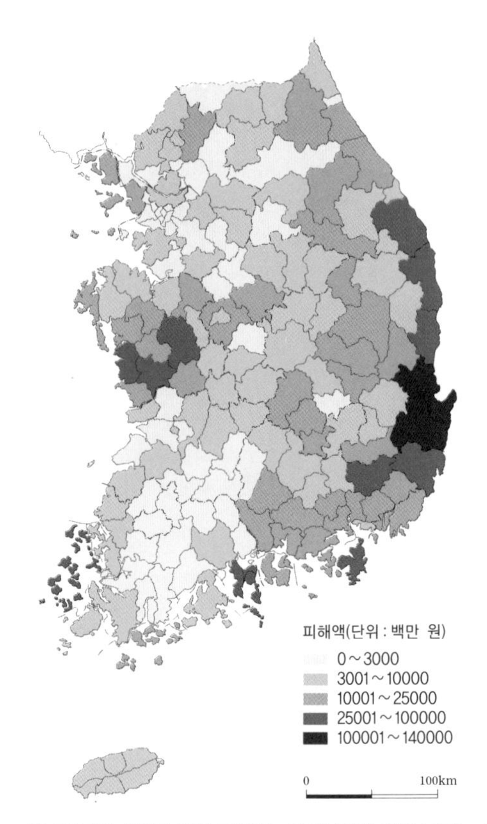

우리나라의 시군별 태풍 피해액 우리나라의 태풍 피해는 대체로 남동해안과 동해안에서 더 크다(자료: 재해연보, 1991~2000년).

우리나라에서 태풍 피해가 큰 곳은 남동해안이라고 알려져 있다. 태풍이 지나는 경로에 따라서 피해 지역이 달라지지만 일반적으로 서해안보다 동해안에서 피해가 크다. 태풍은 진행하는 방향을 기준으로 오른쪽을 위험반원이라고 하고 왼쪽을 안전반원 혹은 가항반원이라고 한다. 태풍의 바람은 반 시계 방향으로 불고 있으며, 우리나라 주변에서는 편서풍이 분다. 그러므로 태풍 진행 방향의 오른쪽에서는 태풍이 만들어내는 남서풍과 대기대순환으로 만들어진 편서풍이 합해지면서 바람이 더욱 강해진다. 반면 왼쪽에서는 태풍이 만드는 북동풍과 대기대순환의 편서풍이 부딪히면서 힘이 상쇄되어 바람이 약해진다.

동해안은 우리나라에 영향을 미치는 태풍의 진로에서 위험반원에 해당되기 쉽다. 우리나라의 먼 동쪽을 지나는 태풍이라면 거의 영향이 없지만, 황해 상이나 한반도를 관통한다면 동해안은 위험반원에 해당된다. 게다가 태풍의 영향 아래에서는 우리나라 대부분 지방에 북동풍이 분다. 그 북동풍이 태백산맥에 부딪혀 상승하면서 많은 비를 내릴 수 있다. 그러므로 동해안은

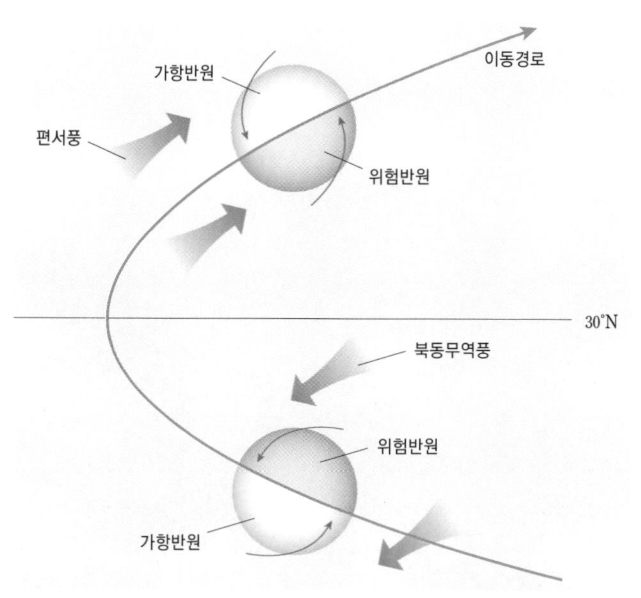

태풍의 위험반원과 가항반원 태풍 진행 방향의 오른쪽은 대기대순환에 의한 바람과 더해져 위험반원이 되고, 왼편은 서로 상쇄되어 가항반원이 된다.

태풍이 가져오는 강한 바람과 폭우가 더해져 피해가 더욱 커지기도 한다. 반면 서해안은 태풍이 황해 상을 통과하지 않는 한 가항반원에 해당된다. 뿐만 아니라 북동풍이 불기 때문에 동해안과 같이 강한 비가 쏟아지는 경우도 드물다.

태풍은 바람과 강수로 인하여 육지에 많은 피해를 주기도 하지만, 바다에서 더 큰 피해를 줄 수 있다. 태풍이 일으키는 큰 풍랑은 운항 중인 선박에 치명적이다. 또한 태풍이 지날 때는 기압이 급격하게 낮아지므로 바닷물이 상승하여 해안에 해일 피해를 입힐 수 있다. 태풍이 상륙할 때 사리의 만조 때와 겹치기라도 하면 해안은 큰 물난리를 겪어야 한다.

태풍이 다가올 때의 항구 태풍이 다가온다고 하면 수많은 배가 포구로 몰려든다(충남 태안, 2007. 8).

태풍은 각각의 고유한 이름이 있다. 열대 해상에서 발생한 소용돌이가 성장하여 중심에서 최대 풍속이 초속 17m에 이르면 태풍이라고 한다. 그 이름은 태풍의 영향을 받는 아시아 지역 14개 나라에서 10개씩 제출한 것을 순차적으로 사용한다. 우리나라에서는 개미와 나리, 장미, 노루 등 10개를 제출하였고, 북한도 기러기와 도라지, 갈매기, 메아리 등 10개를 제출하여 총 20개의 우리말 이름이 사용되고 있다. 그렇지만 태풍에 우리말 이름을 붙이는 것이 그리 영예로운 것만은 아니다. 어떤 태풍이 심한 피해를 남기면 당연히 피해 주민들로부터 미움을 산다. 북한에서 제출하였던 '매미'와 말레이시아에서 제출한 '루사'도 그중 하나이다. 두 태풍은 우리나라에 심한 피

태풍 루사의 영상 강하게 발달한 태풍이 우리나라 남동쪽으로부터 접근하고 있다. 태풍 중심에 검게 보이는 부분이 태풍의 눈이다(2002. 8. 27. 21시, 기상청).

해를 입혀 원성을 샀으며, 그중에서도 매미는 더욱 미움을 샀다. 매미가 왔을 무렵에는 정부의 '햇볕 정책'이 한참 도마에 오를 때였다. 북한에서는 이렇게 매미까지 보내는데도 우리는 계속 경제적 지원을 해야 하냐고 하는 웃지 못할 말이 생기기도 하였다.

살살 부는 바람에 가슴이 멍든다

어느 해 겨울에 제주도에서 서울의 학생들과 기온 관측을 한 적이 있다. 학생들이 도착한 과수원의 밤하늘에서는 별이 쏟아지고 있었다. 그곳에서 자란 사람조차도 놀랄 만큼 엄청난 수의 별이 쏟아져 내렸다. 다음 날의 고생은 아마도 그 탓이었을 것이다. 쏟아지는 별 속에서 모든 학생들의 마음이 들뜬 데다 '포근한 제주도'라는 믿음 또한 힘을 보태었다.

이튿날 학생들은 모두 감기에 걸리고 말았다. 감기를 걸리게 한 것은 살살 불어오는 바람, 즉 한라산에서 슬금슬금 흘러 내려온 찬 공기 때문이었다. 그날 밤 과수원에 설치되었던 최저 온도계는 −10℃ 이하를 가리키고 있었다. 그런 공기에 덮여 잠이 든 것이다. 제주도 사람들은 그 바람을 'ᄂᆞ룻'이라고 이름 붙이고 일찍이 그 존재를 깨닫고 있었다. 살살 불어오는 바람이지만 그만큼 강력하다는 의미이다.

겨울철 혹한이 맹위를 떨치고 있을 때의 일기 예보를 보면, '제주도를 제외한 전국이 영하권에 들겠다'고 하는 경우가 많다. 우리나라 사람들 대부분은 그런 예보를 보면서 제주도는 정말 영상의 포근한 날씨라고 믿을 것이다. 그러나 영상이란 것은 바람이 세차게 불고 있는 제주시나 한라산 남쪽의 이야기일 뿐이다. 한라산에서 흘러 내려오는 ᄂᆞ룻에 노출된 곳에서는 기온이 영하로 떨어지는 것이 그리 어려운 일이 아니다.

1990년 1월의 추위 때 제주도에서는 한라산에서 흘러 내려오는 누룻 때문에 오랫동안 가꾸어 온 수많은 귤나무가 동사하는 일이 벌어졌다. 찬 북서계절풍을 막기 위해서 촘촘하게 심어 놓은 방풍림이 공기의 댐 역할을 하였다. 밤새 한라산에서 흘러온 찬 공기가 방풍림에 막혀서 더 이상 흐르지 못하고 계속 고이면서 찬 공기의 호수를 만들었다. 그 안에 갇힌 귤나무는 대부분 얼어 죽었다. 찬 공기가 모여들기 쉬운 곳에서 동사한 나무가 더 많았다. 그로 인한 주민들의 충격은 심각하였다. 가난에 시달리던 제주도를 오늘의 모습으로 탈바꿈시킨 것이 바로 그 귤나무였으니 그럴 만하다. 어떤 이들

망을 사용한 귤나무 과수원의 방풍 시설 망을 사용한 방풍 시설은 강한 바람은 막아 주고 한라산에서 흘러 내려오는 누룻은 통과시켜 준다(제주 서귀포, 2007. 11).

은 당시의 상황을 '4 · 3 사건 때 가족을 잃은 것만큼이나 가슴이 아프다' 고 표현하였다. '4 · 3 사건' 은 제주도민이면 거의 그 피해자가 아닌 사람이 없을 정도로 가슴속 깊이 상처를 안긴 역사적 사건이다. 여하튼 그날의 누룻 피해를 교훈 삼아 오늘날의 방풍 시설이 크게 달라졌다. 빽빽하게 나무를 심기보다는 듬성듬성하게 나무를 조성하고 망을 사용하는 곳이 늘었다. 망은 강한 북서풍은 약화시키며 한라산에서 내려오는 찬 누룻은 통과시켜 냉기가 고이는 것을 막아 준다.

한라산 중턱에 자리 잡은 녹차밭에는 보성의 녹차밭에서는 보기 어려운 시설이 있다. 녹차밭 여기저기에서 크고 작은 바람개비가 돌아간다. 그 바람

제주도의 녹차밭 제주도에 조성된 녹차밭은 경사지에 조성된 보성의 녹차밭과 달리 찬 공기가 고이기 쉬운 곳이어서 서리 피해를 방지하기 위한 바람개비가 설치되어 있다(제주 서귀포, 2006. 5).

개비가 녹차밭에 누룻이 고이는 것을 막아 준다. 누룻이 고여 있으면 잎이 얼기 때문에 수확이 어려워지거나 찻잎의 가치가 떨어진다. 보성의 녹차밭은 경사가 있는 곳에 조성되어서 바람개비가 필요 없다. 높은 산에서 흘러 내려오는 찬 공기가 사면을 따라서 밑으로 흐른다. 어쨌거나 제주도의 녹차밭이나 보성의 녹차밭 모두 많은 사람들에게 사랑 받는 관광 자원이다.

바람이 없는 밤에 깊은 골짜기에서는 제주도의 누룻과 같이 살살 불어 내려오는 차가운 바람을 마주하기 십상이다. 그런 깊은 골짜기의 바닥에 집을 지으면 건강하게 살기 어렵다. 밤마다 찬 공기 속에 갇혀서 지내야 하니 건강에 좋을 리 없다. 골짜기 마을의 가옥은 산기슭으로 올라 자리하는 경우가

산기슭에 자리 잡은 마을 골짜기의 마을은 찬 공기가 고이는 바닥보다는 산기슭에 올라 자리를 잡는다 (경남 합천, 2003. 1).

대부분이다.

농촌을 답사하다 보면, 골짜기 바닥에 자리 잡은 과수원에서는 생산성이 떨어진다는 이야기를 자주 듣는다. 간혹 종자가 달라서 그런 것 같다고 스스로 짜 맞추어 이야기하는 농민도 있다. 그러나 설명을 듣고 나면 대부분 곧 수긍한다. 그런 곳에 과수원을 조성하는 것은 어리석은 일임이 분명하다. 그렇다고 아까운 땅을 그냥 버릴 수도 없으니 여름철을 이용하여 작물을 재배하는 것이 적당하다.

충청남도 예산에 가면 '오가 사과' 가 유명하다. 그 주변을 자세히 둘러보면 자연을 잘 활용하고 있다는 생각이 든다. 밤에 찬 공기가 모여들 수 있는

예산의 사과 과수원 예산 지역에서 고도가 낮은 평지에는 논이 발달하고 사면이나 능선을 따라서 사과 과수원이 발달한 것은 기후를 잘 활용한 사례이다. 과수원 뒤로 누렇게 익은 벼가 보인다(충남 예산, 2006. 10).

골짜기의 바닥에는 벼농사를 하고 경사가 있는 사면에서는 사과 과수원을 조성하였다. 그러니 찬 공기의 피해를 최소화할 수 있다. 아마도 오랜 경험 속에서 얻어진 산지식에 의한 배치일 것이다. 땅이 아깝다고 자연의 이치를 무시하고 과수원을 조성하면 분명 그로 인한 대가를 치러야 한다.

살살 부는 높새가 땅을 말린다

지리를 가르치는 사람들은 대부분 '영서지방 사람들은 북동쪽에서 불어오는 바람을 높새라고 한다' 고 가르친다. 그때 머릿속에 떠오르는 영서지방은 대개 홍천이다. 고등학교 교과서에서도 영동지방 강릉과 영서지방 홍천의 기온과 상대습도를 비교하면서 높새를 설명하기도 한다. 홍천 주민들은 높새를 어떻게 알고 있는지 궁금하여 며칠 동안 답사를 한 적이 있다.

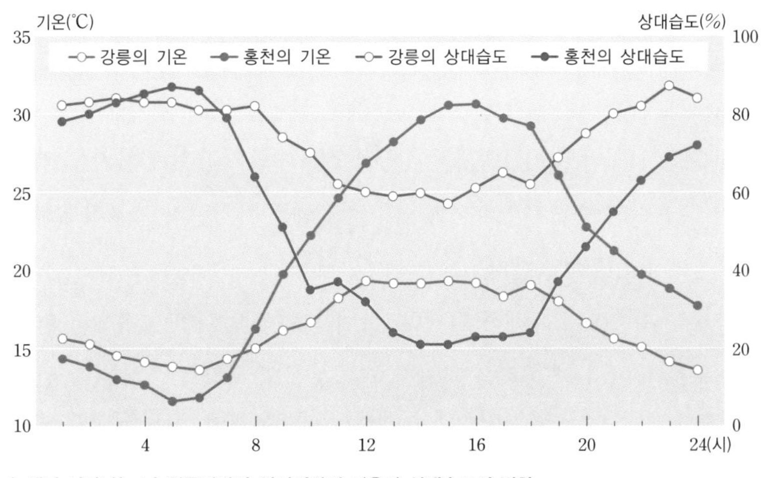

높새가 나타나는 날 영동지방과 영서지방의 기온과 상대습도의 변화

답사 일정을 마무리하면서 실망을 해야 할지, 웃어야 할지 고민해야 하는 상황에 처하였다. 높새를 아는 노인을 만날 수 없었다. 일부러 경로당을 찾아보기도 하였지만 높새를 아는 이가 없었다. 오히려 젊은 사람들이 높새를 알고 있었다. 그러나 그 대답은 '어려서부터 들어 왔다' 는 것이 아니라 '지리 시간에 배워서 안다' 는 것이었다. 분명한 것은 지역 주민들이 북동쪽에서 불어오는 고온건조한 바람을 높새라고 한다는 것은 잘못 알려진 것이었다. 그 어원이 어찌되었던 간에 오늘날에는 교육의 효과로 북동풍으로 푄 현상을 일으켜 고온건조해진 것을 높새라고 부른다.

습윤한 북동풍은 태백산맥을 만나면 상승을 한다. 점차 고도가 높아지면서 기온이 떨어져 이슬점에 이르면 구름이 만들어진다. 이때 기체가 액체로 바뀌면서 발생하는 열인 응결잠열이 온도가 떨어지는 것을 상쇄시켜 주어 100m 상승할 때마다 0.5℃ 정도씩 하강한다. 응결 상태에 이르지 못한 공기는 100m 상승할 때마다 1℃씩 하강한다. 태백산맥을 넘어온 공기는 하강하면서 구름을 증발시켜 100m마다 1℃씩 상승한다. 그러므로 영서지방으로 넘어온 공기는 영동지방에 비하여 기온이 높고 습도가 낮다. 기온이 높은 공기일수록 수증기를 더 많이 포함할 수 있으므로 수증기량은 변하지 않더라도 기온이 상승하면 습도가 낮아진다. 이런 과정을 거치면서 고온건조해지는 현상을 푄(föhn)이라고 한다.

푄은 알프스 지방에서 유래한 말이다. 봄이 되면서 알프스 남쪽에서 푄이 불어오면 눈을 녹여서 라인 강을 넘치게 하고 농사의 시작을 알린다. 스위스나 프랑스에서 고도가 높은 지방을 여행하다 보면 뜻하지 않은 곳에서 광활한 포도밭을 볼 수 있다. 바로 푄이 기온을 높여 주기 때문에 고도가 높은 곳

알프스의 포도 재배 비교적 고도가 높은 알프스에서도 고온건조한 푄의 영향으로 포도 재배가 가능하다(스위스 마르티니, 1996. 8).

에서 포도 농사가 가능하다고 한다.

우리나라에서는 푄의 일종인 높새가 그리 좋지 않은 현상으로 알려져 있다. 영서지방에 높새가 나타날 가능성이 높은 시기는 5월에서 장마 전까지이다. 만약 이 무렵의 어느 날 아침 집을 나섰을 때 쾌청한 날씨면서 선선한 느낌이 든다면 높새가 나타날 것이라고 보아도 틀림이 없다. 서울 사람이라면 쉽게 느낄 수 있다. 늘 뿌옇던 하늘이 도무지 '서울 하늘'이라고 하기엔 믿기지 않을 만큼 쾌청한 봄날이 바로 그날이다. 그러나 그런 날씨에 흥분하고 상쾌해할 수 있는 것은 오늘날의 이야기이다.

농사가 전부였던 시절에는 어땠을까? 만에 하나 높새 현상이 며칠이고 계속된다면 결코 즐거워할 수는 없었을 것이다. 계속하여 건조한 바람이 불어오므로 땅이 마르기 시작한다. 더구나 건조한 봄을 지나온 시기이기 때문에 논에 모내기조차 어려워질 수 있다. 전통적으로는 이렇게 높새는 농사를 어렵게 하는 것으로 인식되어 왔다. 황해도에는 높새와 같은 가문 시기를 이기는 방법으로 땅을 밟아 주는 진압이라는 농사법이 있었다고 한다. 땅을 밟아서 모세관 현상으로 깊은 곳에 있는 토양 수분을 위로 끌어올리는 방법이다. 어릴 적 제주도에서는 해마다 봄에 조를 파종하고 난 뒤 그 밭에 수십 마리

스프링클러 오늘날에는 가뭄이 들면 논보다 밭이 더 어려움을 겪는다. 가뭄이 길어지면 밭에서 스프링클러를 가동시켜 물을 공급하는 것을 볼 수 있다(제주 서귀포, 2006. 6).

의 말 떼를 풀어 놓아 밭을 밟게 했다. 때문에 그 무렵 제주도 농촌에서 부자라는 소리를 들으려면 말 수십 마리는 거느리고 있어야 했다. 그렇지 못한 집에서는 남태라는 대용 도구를 사용하였다. 남태는 무겁고 둥근 통나무에 나무토막을 둘러 박아 말에게 끌게 하여 마치 여러 마리의 말굽으로 밭을 다지는 것과 같은 효과를 내는 농기구이다. 이것 역시 오늘날에는 박물관에서나 그 모습을 겨우 찾아볼 수 있다.

오늘날에는 높새 정도에 의한 가뭄은 아무리 길어진다 하여도 그게 영서지방이든 영동지방이든 간에 쉽게 해결할 수 있다. 바로 스프링클러 덕분이다. 이제는 전국적으로 관개 시설도 잘 갖추어져 있다. 물이 넘쳐서 홍수 피해를 입는 경우는 자주 있지만 높새에 의하여 가뭄을 겪고 있다는 뉴스는 좀처럼 접하기 어렵다.

섬을 알려거든 열흘만 갇혀 보아라

'울릉도의 눈'을 보러 울릉도를 찾았을 때 도착 4일 만에 뱃길이 끊겼다. 뱃길이 열린 것은 그날로부터 열흘이 지난 후였다. 울릉도를 오가는 배는 쾌속선이어서 폭풍주의보가 내려지면 꼼짝할 수 없다. 게다가 울릉도와 육지의 항구인 포항이나 묵호는 기상청의 예보 해역이 서로 달라서 양쪽 모두 폭풍주의보가 해제되어야 배가 오갈 수 있다.

뱃길이 막힌 첫날, 대부분 사람들은 오히려 잘됐다는 눈치였다. 천재지변의 상황과 다름없으니 섬에 있어도 뭐라고 할 사람이 없었다. 편한 마음으로 쉴 조건이 마련된 것이다. 일행은 말할 것도 없고 옆의 숙박지에서 들려오는 소리도 비슷한 내용이었다. 그런 시간이 하루하루 흐르면서 상황은 바뀌기

풍랑주의보가 내린 날의 저동항 풍랑주의보가 내리면 어선들은 방파제 안에서 다음 출어 준비를 하느라 여념이 없다(경북 울릉, 2007. 5).

시작하였다. 즐거워하던 사람들 사이에서 불평이 터져 나왔다. '왜 그때 배를 타지 않았느냐?' 는 내용이 대부분이었다. 그게 이틀 정도였다. 그러고 난 후 온 동네가 조용해졌다. 일주일쯤 지나니 조용한 것이 아니라 고요하였다. 간간히 나가 본 선창가에는 쥐 한 마리도 보이지 않는다는 표현이 적당하였다. 그렇게 며칠이 흘렀다. '이게 섬이로구나' 하는 실감이 들었다. 이웃의 저동항도 조용하긴 마찬가지였다. 포구 안에 배는 가득 찼지만 움직임은 거의 없었다. 모두 그저 다음 출어를 기약하면서 어구를 손질하거나 그것도 아니면 가까운 곳에서 휴식을 취하였다.

열흘째 되던 날, 배가 들어온다는 소식이 순식간에 섬 전체로 퍼져 나갔다. 믿기 어려울 정도로 빠른 속도였다. 다시 선창가가 궁금하였다. 들어온다던 배는 보이지도 않았지만 선창가는 일찌감치 움직이고 있었다. 택시가 줄을 서기 시작하고, 숙박지의 아주머니와 아저씨들이 환영 피켓을 들고 몰려들면서 북적이기 시작하였다. 뱃고동 소리가 들린 것은 예정 시간보다 두 시간 이상을 넘기고 난 후였다. 육지에 도착해 배에서 내리는 사람들의 표정이 충분히 이해가 되고도 남을 것이다.

제주도를 찾으면서 섬으로 간다고 생각하지 않았다. 그저 제주도란 곳에 간다는 생각뿐이었다. 배를 타고 가면서조차도 섬에 간다는 생각을 하지 않았다. 그런데 제주에 간 어느 날 심각한 상황이 벌어졌다. 봄에 휴일을 이용

제주도와 육지를 이어 주는 제주항 제주항에서 육지와 연결되는 노선과 화물량이 늘면서 항만 시설이 점차 밖으로 확대되고 있다(제주 제주, 2008. 1).

하여 제주를 찾았는데 폭풍주의보가 내려졌다. 서울로 돌아가야 하지만 그 큰 배가 나갈 수 없다는 것이다. 육중한 방파제를 부수기라도 할 듯 달려드는 파도를 바라보면서 제주가 섬이라는 것을 새삼 깨달을 수밖에 없었다. 역시 제주도는 섬이었다. 그동안 무관심 속에 늘 보아 왔던 잔잔한 제주 바다와는 사뭇 달랐다.

풍랑주의보가 내려진 섬은 조용하다. 방파제 밖에는 큰 파도가 마치 모든 것을 집어삼킬 듯 아우성을 치지만, 항구와 방파제 안은 밖과 달리 고요하다. 작은 섬의 여객선 터미널 주변 사람들의 눈은 먼 바다만 바라보고 있을 뿐이다. 거의 달라지지 않는 파도의 높이를 보면서도 점차 나아지고 있다는

풍랑주의보가 내려진 날의 작은 항구 풍랑주의보가 내려진 항구는 고요하기만 하다(제주 추자도, 2008. 4).

착각에 빠지기도 한다. 당연히 섬에선 날씨에 민감해질 수밖에 없다. 뱃길이 막히고 며칠이 지난 날 추자항 주변을 답사하고 있을 때 어딘가 스피커를 통해서 들려오는 풍랑주의보 해제 소식은 어떤 단비보다도 더 달게 느껴진다. 그게 섬이다.

13
안개와 서리는 국지적이다

안개가 발생할 때는 주로 밤과 낮의 기온 차이가 크다. 밤에 지표면과 지표면에서 가까운 공기가 냉각되기 시작하면서 점차 위로 올라갈수록 기온이 높아지는 기온역전이 일어난다. 이러한 역전층이 안개를 발생시키는 주요 원인이다. 서리는 어떤 기상 현상보다 직접적으로 농사에 영향을 미친다. 마지막 서리와 첫서리 사이의 무상 기간이 곧 농작물의 생육이 가능한 기간이다.

어느 겨울에 강릉의 남대천 가에 앉아서 짙은 안개를 감상하였던 적이 있다. 그때는 안개를 바라보면서 안개에 대한 부정적인 생각은 전혀 하지 않았다. 오히려 약간의 로맨틱한 감상에 빠질 수 있었다. 그러고 몇 년이 지난 뒤 군에 입대하였다. 그 후부터의 안개는 강릉 남대천에서의 그것과는 전혀 달랐다. 새벽에 스멀스멀 안개가 끼어들기 시작하면 아주 싫은 사람이 가까이 다가오는 듯한 느낌이었다. 부대로 출근하는 날이면 일단 창문을 열고 하늘부터 쳐다보았다. 물론 안개가 끼어 있는지가 궁금하였기 때문이다.

그 후로는 강릉 남대천 가의 안개는 다시 찾아오지 않았다. 점차 현실적인 눈으로 안개를 바라보게 되었다. 게다가 첫 번째 석사학위 논문 지도의 소재

강릉의 안개 동해안에 끼는 안개는 내륙 지역과 달리 비가 내리면서 같이 낀다. 동풍계 바람이 불어오면서 해무가 끼는 것이다(강원 강릉, 2008. 7).

도 안개였다. 그러면서 안개는 더욱 현실적인 대상이 되어 학생들에게 가르쳐야 하는 기후의 하나이거나 아니면 연구 주제로 바라보게 되었다. 안개에 대한 멋을 모르고 살아가는 불행한 삶의 시작인지도 모른다.

고등학교 시절 국어 교과서에서 오랫동안 고향을 떠나온 이가 달밤에 조용히 내리는 차가운 서리를 바라보면서 고향을 생각하는 장면이 떠오른다. 이렇게 서리에 대한 이미지는 안개보다 훨씬 감상적일지 모른다. 그러나 서리는 안개보다 더 현실적인 기상 현상이다.

불교의 경전 중에 "서리보다 엄한 계율 털끝인들 범하리까?"라는 구절이 등장한다. 그만큼 서리가 어떤 기상 현상보다도 강인함을 뜻한다. 농사짓는

낙엽에 내린 서리 서리는 부드러운 듯하면서도 어떤 기상 현상 못지않게 농작물에 큰 피해를 주기도 한다.

강가 나무의 상고대 나무에 곱게 내려앉은 서리를 상고대라고 한다. 늦가을에서 이른 봄 사이에 강을 끼고 있는 골짜기에서 볼 수 있다(경북 영양, 2007. 1).

사람이라면 서리의 위험성을 너무도 잘 알고 있다. 이미 오래전부터 우리의 선조들은 서리를 피하면서 농사를 지어 왔다.

나무에 내린 서리는 더없이 아름답다. 나뭇가지에 곱게 내려앉은 서리를 상고대라고 한다. 어느 기상 현상도 이른 아침 찬 바람을 맞으면서 서 있는 하얀 상고대와 비할 바가 못 된다. 더욱이 강가에 서 있는 나무의 상고대는 햇살이 비치면서 영롱한 빛을 발한다. 지나는 이들에게 좋은 구경거리가 아닐 수 없다.

안개는 정말로 아름다운 현상일까

찌는 듯하던 8월의 무더위가 한풀 꺾이기 시작할 무렵이면, 이른 새벽에 짙은 안개가 끼기 시작한다. 낮은 골짜기나 강변을 따라서 끼기 시작한 안개는 점차 마을의 이곳저곳으로 스며든다. 안개는 주로 끼는 시기와 장소가 따로 있다. 지역에 따라 다르지만, 안개는 대표적인 가을의 기상인 듯하다. 가을로 접어들면 대부분의 동네에서 안개가 잦아진다.

안개가 끼려면 밤과 낮의 기온 차이가 커야 한다. 밤 사이 냉각으로 기온이 이슬점까지 떨어지면 수증기가 응결하면서 안개가 낀다. 밤이 되면 지표면은 태양으로부터 받아들이는 에너지는 없지만 대기 중으로 계속 열을 내보내면서 서서히 냉각이 된다. 이런 상황이 밤새 계속되면, 지표면에서 위로 올라갈수록 기온이 높아지는 일이 발생한다. 이런 현상을 기온역전이라고 한다. 맑고 고요한 밤일수록 기온역전이 쉽게 일어난다. 우리나라의 가을은 이동성 고기압의 영향을 받을 때가 많아 다른 계절에 비하여 맑고 고요한 밤

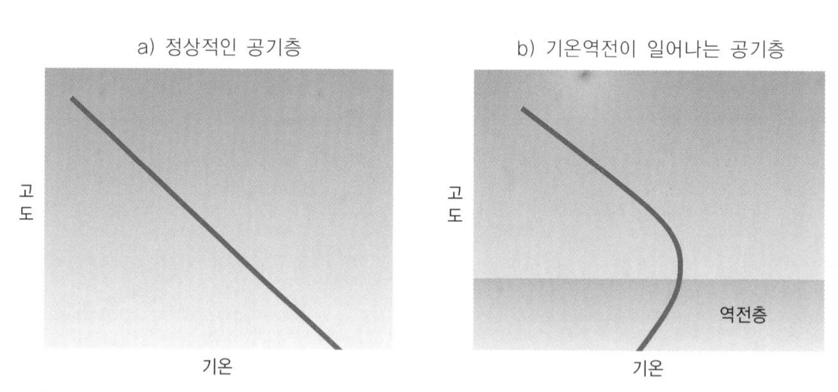

기온의 수직 분포 고도가 높아지면서 기온이 낮아지는 것이 정상이지만, 그 반대인 경우를 기온역전이라 한다.

이 잦다. 때문에 기온역전이 잘 일어나며 안개도 많다.

기온역전이 일어나는 것은 지표면에서 냉각이 빨리 일어나기 때문이다. 지표면에 눈이 덮여 있거나 바닥이 얼어 있을 때 냉각은 한층 효과적으로 일어난다. 눈은 반사도가 높아 낮에 내리쬐는 햇빛의 대부분을 하늘로 반사시킨다. 그러므로 해가 지고 나면 빠른 속도로 냉각이 시작된다.

얼지 않은 상태의 호수는 열을 조절하여 준다. 겨울철에는 그런 호수 주변이 덜 춥다. 호수가 저장하고 있는 열을 공기로 내보내기 때문이다. 그러나 호수가 얼면 상황은 크게 달라진다. 얼어붙은 호수는 거울과 같아서 낮에 호수로 비치는 태양 에너지를 반사시킨다. 그러므로 호수가 얼었을 때는 바닥

양평 주변의 팔당호 팔당호 주변은 높은 산지로 둘러싸여 있어서 산지에서 내려오는 찬 공기가 모여 쉽게 기온이 하강하며, 호수 표면도 빨리 얼어붙는다(경기 양평, 2008. 1).

이 눈으로 덮였을 때처럼 해가 지면 빠르게 냉각이 진행된다.

높은 산지로 둘러싸인 분지나 골짜기에서도 냉각이 쉽게 일어나서 기온역전이 잘 발달한다. 밤에는 산 정상의 찬 공기가 골짜기의 바닥으로 흘러 내려온다. 산 정상과 골짜기 바닥 사이의 고도 차이가 클수록 골짜기의 기온이 낮다. 그러므로 골짜기의 바닥에 과수원을 만들면 야간에 찬 공기가 쌓여서 냉해를 입는다.

우리나라에서 이름이 있는 고찰(古刹)은 대부분 골짜기 바닥보다는 산 중턱에 자리한다. 절터를 잡을 때 기온역전을 고려하였는지 모르지만 분명한 것은 나쁜 곳을 피하여 자리를 잡은 것이다. 찬 공기가 쌓이는 곳에 터를 잡

역전층 고도까지 끼어 있는 안개 낮은 곳에는 안개가 깔려 있지만 산이나 높은 건물은 안개 위로 솟아 있는 것을 볼 수 있다(강원 춘천, 2007. 11. 박창연).

아서 좋을 리 없다. 골짜기에 안개가 끼었을 때 산에 올라 보면, 대부분의 고찰은 그 안개 위에 자리 잡고 있다.

지표면의 냉각이나 주변 산지에서 흘러 내려온 찬 공기로 만들어진 역전층은 안개를 발생시킨다. 안개는 역전층이 만들어졌음을 알려 주는 지표이다. 도시나 골짜기에서 안개가 끼는 것은 기온역전이 일어나고 있을 때이다. 안개가 있을 때 좀 선선한 느낌이 드는 것은 이런 이유이다. 안개 낀 날 아침에 두꺼운 옷을 입고 나서면 거의 낭패를 본다. 대부분의 경우 안개가 걷히고 나면 언제 그랬냐는 듯 포근한 날씨가 이어진다. 일반적으로 내륙의 안개는 황해 상에 이동성 고기압이 자리할 때 끼므로 점차 그 중심이 다가오면서 포근해진다. 때문에 안개가 끼어 있는 날은 춥게 느껴져도 가벼운 옷차림을 하는 것이 좋다.

이런 기온역전층은 보통 쉽게 흩어진다. 바람이 불거나 지표면이 데워지면 역전층은 파괴된다. 가을에는 아무리 짙게 낀 안개라 하더라도 출근 시간이 끝날 무렵이면 대부분 걷힌다. 그때쯤이면 지표면이 어느 정도 가열되기 때문이다. 새벽에 부는 갑작스런 바람도 안개가 형성되는 것을 방해한다. 바람이 불면서 위아래의 공기가 뒤섞이는 것이다. 그러나 수증기가 많고 골짜기가 깊은 곳에서 안개가 두껍게 끼어 있을 때에는 쉽게 걷히지 않는다.

어느 해 가을을 호반의 도시라고 알려진 춘천에서 보낸 적이 있다. 역시 춘천의 안개는 대단하였다. 그 당시 가장 힘든 것 중의 하나는 오후가 되어도 안개 속에 갇혀 있다는 사실이었다. 숨이 콱 막힐 지경이었다. 겨울철 눈이 덮인 날 춘천에서는 초저녁부터 안개가 끼기도 한다.

안개가 끼기 위해서는 기온역전과 더불어 수증기도 중요하다. 우리나라에

안개 소산 아무리 짙은 안개라 하여도 해가 뜨고 지표면이 가열되기 시작하면 서서히 소산된다(강원 춘천, 2005. 12. 박창연).

서 안개가 많은 곳은 대부분 큰 호수를 끼고 있거나 가까이에 호수가 자리 잡고 있다. 기상 관측소 주변에 새로운 인공 호수가 만들어지면 안개가 많아지는 경우가 대부분이다. 그러므로 대형 댐을 건설하려고 할 때 지역 주민과 시공자 간에 갈등이 생기기 마련이다. 안개가 끼면 일사량이 줄어서 농사에 방해가 되기 때문이다.

우리나라에서 안개가 많은 곳으로는 승주(전남)와 양평, 진주, 홍천, 안동, 충주, 장수, 합천, 춘천 등이 알려져 있으며, 모두 내륙이다. 지도를 펼쳐 놓고 보면 왜 그곳에 안개가 많은지 금방 수긍이 간다. 대부분 주변에 큰 호수가 있고 산지로 둘러싸여 있다. 그중에서도 승주(91.7일)와 양평(83.9일), 진

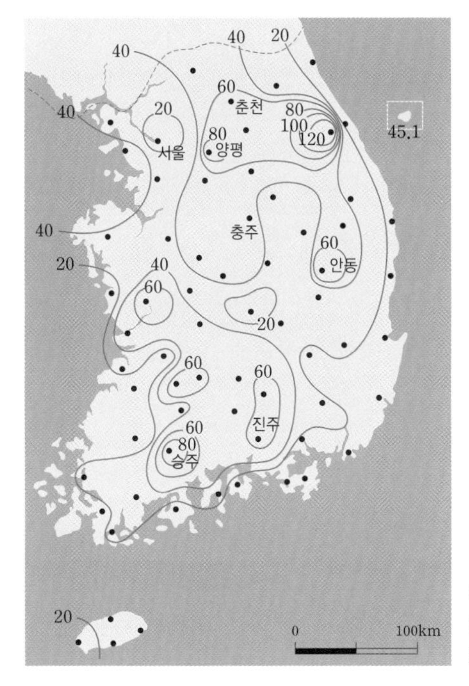

우리나라의 안개 일수 주변이 산지로 둘러싸여 있고 가까이에 호수가 있는 지역에 안개 빈도가 높다.

주(78.8일)의 안개 일수가 두드러지게 많다. 춘천의 연평균 안개 일수는 60.5일로 그 명성에 비해서는 빈도가 낮다. 그러나 춘천은 주변 산지가 높고 호수가 많아서 일단 안개가 끼면 오랜 시간 지속된다.

안개는 다른 기상 현상에 비하여 국지적으로 발생한다. 간혹 기상 관측소에서 관측된 값과 실제로 주민들이 느끼는 것이 다를 수 있다. 같은 날 한 도시에 있으면서도 안개 속에 있던 사람과 그렇지 않은 사람이 서로 만날 수 있다. 안개는 기온역전층이 만들어진 곳에서 발달하는 것이므로 같은 도시라 하더라도 그곳의 해발고도에 따라서 안개가 있을 수도 있고 없을 수도 있다. 한때 서울의 천호대교를 건너서 출근하였던 적이 있다. 가을 아침이면, 암사동에서 천호대교까지는 짙은 안개 속이지만 천호대교를 건너서 워커힐 고개를 오르려 하면 언제 그랬냐는 듯 안개가 사라진 적이 많았다. 게다가 고개 너머에는 햇볕이 쨍쨍 내리쬐고 있었다.

기온 관측을 위하여 양평 주변에서 숙박한 적이 있다. 당시 숙소 주변의 안개가 인상적이었다. 일행이 머물던 숙소는 점차 고도가 높아지는 도로를 따라서 3개의 동으로 구성된 콘도였다. 뒷산에 올라가서 내려다보니, 맨 아래 건물은 안개 속에 완전히 갇혔고, 가운데 건물은 일부 층이 안개 속에, 맨 위 건물은 안개 밖에 나와 있었다. 같은 값을 내고도 어떤 이는 해로운 안개 속에서, 어떤 이는 그 위에서 밤을 보낸 것이다.

해안에서는 안개 빈도가 적지만 일단 낀 안개는 쉽게 걷히지 않는다. 내륙의 안개와 종류가 다르다. 내륙의 안개는 바람이 있으면 끼지 않지만, 해안에서는 바람 때문에 안개가 낀다. 육지를 덮고 있는 공기가 데워지지 않은 상태에서 바다에서 더운 공기가 들어오면 두 공기의 온도 차이에 의해서 안개가 발생한다. 이런 안개를 해무라고 하며 영국이나 북아메리카 동부 해안에서 자주 볼 수 있다.

해무는 골짜기의 안개와 달리 끼는 시각이나 걷히는 시각이 불규칙하다. 해무는 전적으로 바람의 방향에 따라서 끼거나 걷힌다. 일반적으로 바다에서 바람이 불어올 때 끼고, 바다로 바람이 불어갈 때 갠다. 한밤중에도 끼고 대낮에도 낄 수 있다. 영동지방이나 서해안에서 볼 수 있는 안개는 대부분 이런 경우다.

제주도에 있는 대학에서 1년간 근무한 적이 있다. 부임하고 두어 달 지난

해안가를 뒤덮은 해무 해무는 바람의 방향과 관련이 크다. 바다에서 바람이 불어올 때 발생하며, 일단 낀 안개는 풍향이 바뀔 때까지 오래 지속된다(전남 홍도, 2000. 5).

밤이었다. 별 생각 없이 건물을 나섰는데 말 그대로 한 치 앞을 볼 수 없었다. 자동차의 불빛이 안개에 반사되어 운전하기가 어려웠다. 마치 귀신이라도 나올 듯하였다. 사실 10리 가까운 길을 통학하던 초등학교 시절의 산길에는 안개와 관련된 갖가지 귀신 이야기가 전해지기도 하였다. 여하튼 신경을 곤두세우며 운전하여 막상 해발 30m쯤 되는 곳에 자리한 거처에 도착해 보면 안개는 온데간데없었다. 그 대학이 자리 잡고 있는 곳은 해발 300m가 넘었다.

기상 통계에 의하면 제주도에는 안개가 거의 끼지 않는다고 하지만, 동네

봄철 고사리 꺾기 봄철 제주도의 산간에서는 고사리를 꺾기 위하여 많은 사람들이 몰려드는 것을 볼 수 있다(제주 서귀포, 2008. 4).

에 따라 차이가 크다. 기상 관측소가 있는 해안에서는 안개가 드물지만, 고도가 높아지면 봄에서부터 장마철에 걸쳐 거의 매일 안개가 끼다시피 한다. 제주도에서 봄철의 안개는 고사리를 키우는 것으로 알려져 있다. 산록에 나가 보면 안개 속에서 고사리를 꺾고 있는 아낙들을 쉽게 만난다. 오늘날에는 웰빙이나 취미 삼아 고사리를 캐지만, 과거의 고사리는 환금의 대상이 되는 가치 있는 식물이었다. 어린아이들도 고사리를 꺾으려 산으로 오르곤 하였다. 고사리는 습한 것을 좋아하여 안개를 따른다. 그런 이유로 당시에는 봄의 안개를 애타게 기다리기도 하였다. 그러나 오늘날 그곳의 안개는 대형 교통사고의 주범이 되었다.

한라산 중턱의 구름 응결 고도를 따라서 구름이 끼어 있다. 그러나 같은 시각에 한라산을 등반하는 사람이라면 안개로 이해할 것이다. 그곳은 안개 다발 지역으로 불린다(제주 한라산, 2008. 1).

언젠가 제주도 경마장 관계자에게서 뜻밖의 이야기를 들은 적이 있다. 경마장에 안개가 끼면 손실이 엄청나다고 한다. 말이 앞을 보고 달릴 수 없으니 당연하다. 그래서 안개를 없애는 방법을 찾고 있다고 했다. '차라리 경마장에 지붕을 씌우라' 는 대답을 남겼다. 제주도 경마장의 안개를 없애는 것은 거의 불가능하다. 그곳의 안개는 구름과 같다. 습한 공기가 바다에서 섬으로 상륙하여 상승기류가 발달하기 때문에 만들어지는 구름이 경마장에서는 안개로 보이는 것이다. 경마장 터를 잘못 잡은 것이라고 할 수밖에 없다.

구름과 안개는 수증기가 응결한 것으로, 거의 같은 현상이다. 그것이 땅바닥에 닿아 있으면 안개라고 하고, 떨어져 있으면 구름이라고 한다. 같은 현상을 보고도 보는 사람에 따라서 달리 부르는 것이다. 제주도의 경마장에 끼는 안개가 그런 예이다.

통계적으로 우리나라에서 안개가 가장 많이 발생하는 곳은 대관령이다. 그곳의 연평균 안개 일수는 127.3일로, 3일에 하루는 안개가 끼어 있다. 대관령은 고도가 높아서 안개가 잦다. 다른 동네에서는 낮은 구름으로 관측되는 것이 대관령에서는 안개이다. 그것도 아주 짙은 안개이다. 그런 안개는 주변의 식물에 수분을 공급해 준다. 이는 산지가 평지에 비하여 유리한 점이다.

안개는 언제 보아도 감상적으로 보이는 면이 있다. 그러나 인간에게 안개는 좋은 면보다는 부정적인 면이 더 많다. 대부분의 안개는 오염물질을 포함한다. 특히 역전층에서는 공기 이동이 거의 없으므로 자동차 등에서 나오는 오염물질이 그대로 역전층 안에 쌓인다. 그러므로 안개가 끼어 있는 시간이 하루 중에서 가장 공기가 오염된 시간이라 할 수 있다. 아침 일찍 안개 속을

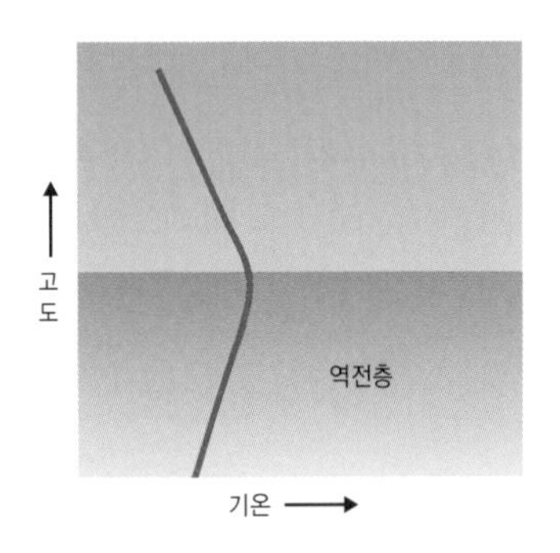

기온역전 발생 시 대기 오염 기온역전이 일어나고 있을 때는 공기가 상하로 움직이지 않기 때문에 오염물질이 지표면에 쌓여서 대기 오염도가 높아진다.

뛰고 들어와서 상쾌한 공기 속에 운동했다고 생각하는 것은 큰 착각이다. 안개 속의 운동은 굴뚝 속을 뛰는 것과 크게 다르지 않다.

여자가 한을 품으면 오뉴월에도 서리가 내린다?

19세기에는 화산 폭발 등의 영향으로 유럽과 북아메리카 등지에서 7, 8월에도 서리가 내렸다는 기록이 있다. 그러나 우리나라에서 오뉴월에 서리가 내리는 것은 드문 일이다. 그것도 음력 오뉴월의 서리 자체가 불가능한 기후이다. '여자가 한을 품으면 오뉴월에도 서리가 내린다'는 속담은 그만큼 여자의 한이 무섭다는 의미와 함께 서리의 강인함을 보여 주는 말이다. 서리는 어떤 기상 현상보다도 직접적으로 농작물에 피해를 준다. 서리가 내렸던 채

무밭의 서리 서리가 내렸던 무 잎이 시들어 있다(제주 서귀포, 2008. 2).

소밭을 나가 보면 마치 뜨거운 물을 부어 놓은 듯 잎이 시들어 있다.

농민들은 서리에 민감하다. 어떤 농작물이든 서리는 치명적일 수 있다. 특히 잎이 생명인 차는 서리에 대한 반응이 그 어느 작물보다도 민감하다. 차밭에 서리가 내리면 잎의 세포가 파괴되어 상품으로 사용하기 어려울 정도로 치명적인 손상을 입는다. 우리나라의 차밭이 제주도와 남해안에 집중되어 있는 것도 그곳이 북쪽 지방에 비하여 서리가 내리는 날이 적기 때문이다. 녹차 중에는 곡우(4월 20일경) 이전에 잎을 딴 '우전'이라는 것이 최고 급품으로 알려져 있다. 우리나라의 제주도와 남해안을 제외한 다른 지방에서는 곡우까지 서리가 내리기도 한다. 제주도에서는 3월이면 서리를 보기

남해안의 차밭 남해안의 차밭은 급경사의 사면에 조성된 경우가 많아서 쉽게 서리 피해를 입지 않는다(전남 보성, 2006. 5).

어렵고, 남해안도 3월 하순 이후면 서리가 거의 내리지 않는다.

서리는 찬 공기가 오랫동안 고여 있는 곳에 내리기 쉽다. 서리가 자주 내리는 곳을 상도(霜道)라고 하며 인위적으로 서리를 조절하기도 한다. 공기도 물 흐르듯이 흘러내리므로 공기의 길을 만들어 주면 된다. 남해안의 차밭은 찬 공기가 쉽게 흘러 내려갈 수 있는 급경사의 사면에 자리 잡은 경우가 많다. 특히 녹차로 유명한 보성의 차밭은 사람들이 오르내리기에도 힘들 정도의 급사면에 자리한다. 야생차로 유명한 하동의 차밭도 대부분 산지의 급사면인 산기슭에 자리 잡고 있다.

찬 공기가 모여 있는 와지(窪地)에서는 작은 모닥불도 기온 하강을 막는

야생 녹차밭 남해안의 야생 녹차밭은 대부분 경사가 급한 사면에 발달하여 서리 피해를 거의 입지 않는다(경남 하동, 2007. 2).

데 효과적이다. 와지에서 가장 낮은 곳에 모닥불을 피우면 모닥불에서 나오는 열기가 위로 올라가면서 상승기류를 만든다. 그러면 그 주변에서 보다 따뜻한 공기가 모닥불로 몰려들어 상승한다. 이런 과정이 되풀이되면서 찬 공기가 한곳에 모여 머무는 것을 방지해 준다.

1990년대 초반, 제주도의 귤나무 동해 지역을 답사할 때의 일이다. 한 과수원 주인에게 찬 공기가 쌓일 때 모닥불이라도 피워 주었으면 효과를 보았을 것이라고 했더니, '그러다 귤나무를 다 태우면 어떻게 하냐' 고 반문하였다. 나무마다 모닥불을 피우는 것이 아니라고 설명하였더니 눈물을 흘리면서 미리 알았더라면 좋았겠다고 하던 기억이 생생하다. 그 농민은 훗날 연구의 방향을 설정하는 데 적지 않은 영향을 미쳤다. 오늘날에는 농민들도 기상현상에 민감하게 관심을 가져 찬 공기 속에서 귤나무가 얼어 죽는 것을 그냥 지켜보지 않는다.

한때는 기온이 상승하면 농업 생산에 유리할 것이라 생각하였다. 그러나 전라남도 나주의 배 과수원을 답사하면서 그 생각은 잘못되었음을 깨달았다. 최근 기온이 상승하면서 배꽃의 개화 시기가 일러졌다. 과거에 비하여 일주일 이상 앞당겨졌다는 것이 농민들의 증언이다. 그런데 문제는 서리이다. 마지막 서리가 내리는 날의 변동 폭이 커진 것이다. 배꽃이 핀 상태에서 서리가 내리는 경우가 잦아졌다. 서리가 내리면 꽃은 수정되지 못하고 시든다. 농민들에게는 과거에 없던 걱정거리가 하나 늘어났다. 어느 지방에서든 마지막 서리가 늦어지면 농사에 치명적이다. 막 돋아나기 시작한 어린 새싹이 타들어가듯 시들어 버린다. 농민들은 그 피해를 줄이기 위하여 안간힘을 쏟을 수밖에 없다.

서리 피해를 입은 배 서리를 맞은 배꽃은 암술이 검게 변하면서 수정이 이루어지지 않는다. 사진의 왼편 윗부분에 열매가 달리지 않은 것이 서리 피해를 입은 배꽃이다(전남 나주, 2007. 5).

서리는 다른 기상 현상과 달리 전체 서리 일수보다 첫서리와 마지막 서리가 더 큰 의미를 갖는다. 마지막 서리와 첫서리 사이의 기간을 무상 기간이라고 하며, 이는 농작물의 생육이 가능한 기간이다. 무상 기간은 작물의 종류를 선정하는 데 있어서 중요하다. 만약 작물의 생육에 필요한 기간이 무상 기간을 초과한다면 서리 피해를 입을 가능성이 커진다.

보통 마지막 서리일은 농사의 시작을 알린다. 3월 중순이 지나면 남녘의 섬에서부터 농사가 시작되어 점차 북상한다. 물론 이 시기에도 서리의 영향을 크게 받지 않는 마늘밭과 보리밭은 초록빛으로 가득 차 있다. 이런 경관은 전라남도의 해남이나 완도, 진도, 영암, 장흥, 여수와 경상남도의 남해,

남해안의 월동 배추 겨울철이 온화한 남해안에서는 월동 배추가 재배되고 있으며, 그런 지역이 점차 북상하고 있다(전남 무안, 2007. 1).

거제 등에서 볼 수 있다. 해남은 월동 배추의 산지로도 유명한 곳이다. 겨울철에도 노지에서 작물이 재배되고 있는 것은 남해안 지역이 다른 지역과 크게 구별되는 점이다. 제주도의 대부분 지역은 거의 연중 농사가 가능하다. 특히 서귀포에서는 서리가 거의 의미를 갖지 못할 만큼 겨울철이 온화하며, 이른 봄에도 서리를 보기 어렵다.

4월 중순이 지나면 남부의 대부분 지역에서 밭농사를 준비하고, 4월 하순에 들어서면 전국 대부분 지역에서 농사가 시작된다. 그러나 대관령 주변 등에서는 아직도 농사가 멀어 보인다. 고랭지 농업 지역에서 농부를 만날 수 있는 것은 5월이 깊어갈 무렵에 이르러서이다. 그도 그럴 것이 대관령에서

봄철의 고랭지 밭 6월에 접어들었지만 고랭지 농업 지역에서는 아직도 밭에서 초록색을 보기 어렵다(강원 매봉산, 2008. 6. 1).

는 마지막 서리가 평균적으로 5월 13일에 내린다.

가을이 깊어지면서 첫서리가 내리면 농사가 끝났음을 알리는 것이나 다름없다. 대부분의 농작물은 첫서리가 내리기 전에 수확한다. 그러나 홍시와 같이 첫서리를 나무에서 맞는 것이 더 좋은 경우도 있다. 첫서리는 당연히 높은 산간 지역에서부터 시작된다. 10월이 되면 대관령 등의 산간에서는 이른 아침에 들판이 하얗게 덮인 것을 볼 수 있다. 이미 9월 말이면 고도가 높은 곳에 자리한 고랭지 밭은 황량한 상태로 변한다. 겨울을 맞을 채비가 거의 다 되어 있다. 이때 고랭지 지역의 들판은 겉으로 보기에는 빈 밭 같지만 그 속에는 씨감자가 곱게 숨겨져 있는 곳도 많다.

남해안에 서리가 내릴 무렵이면 높은 산 어딘가에서 첫눈 소식이 전해지면서 겨울이 시작되었음을 알린다. 그때까지도 나무에 매달려 있는 과일을 까치밥이라고 한다. 수확이 어려워서 여태껏 나무에 매달려 있는 것인지, 아니면 진짜로 까치 먹으라고 남겨 둔 것인지는 농부만 알겠지만 새들에게 요긴한 먹잇감임이 틀림없다.

4부

기후를 극복한 조상들의 지혜

14
바람이 강한 곳에서는 어떻게 살았을까

제주도의 바람은 사람들이 살아가는 모습에 크게 영향을 미쳤다. 그 대표적인 것이 가옥이다. 제주도 가옥은 지붕의 경사를 낮게 하여 바람의 피해를 최소화하였으며 '올래'와 '이문간'이 집 안으로 바람이 직접 들이치는 것을 막아 준다. 북서 계절풍이 강하게 부는 서해안에서는 '까대기'를 설치하여 추위를 막았다.

바람은 우리에게 어느 기후 요소보다도 직접적으로 영향을 미친다. 바람은 물리적으로 강한 힘을 지니고 있어서, 사람이 입고 있는 옷을 벗기지는 못하지만 그 사람을 넘어뜨릴 수 있다. 기상청에서는 강풍이 예상될 때 특보를 발표하여 주민들이 대비할 수 있도록 예방 조치를 취한다. 그럴 경우, 바다나 해안과 가까운 곳에서는 일상생활에 적지 않은 제약을 받는다.

강풍 지역에서 태어난 덕에 언제나 바람에 대해 자신감이 있었다. 그러나 정작 강한 바람 앞에서는 꼼짝을 못했다. 제주도, 특히 해안가에서의 겨울철 바람은 강하다. 어떤 이가 그 바람 때문에 사진을 찍기 어려울 정도라고 푸념하는 것을 들었을 때, "뭐, 그 정도를 가지고."라고 얘기하였다. 그러나 유라시아 대륙 서안의 바람은 격이 달랐다. 초속 50m에 육박하는 바람이 며칠째 불어 대는 것을 보면서 바람에 대한 두려움이 엄습해 왔다. 폭풍과 같은 자연 앞에서 인간의 힘은 한없이 약할 수밖에 없었다.

바람의 힘은 인류의 생활에 실용적으로 이용되어 왔다. 유라시아 대륙 서안에서는 일찍부터 풍력이 중요한 에너지원이었다. 우리나라에서도 해안이

우리나라에서 바람과 관련된 기상 특보의 종류

종류	주의보	경보
강풍	육상에서 풍속 14m/s 이상 또는 순간 풍속 20m/s 이상이 예상될 때. 다만, 산지는 풍속 17m/s 이상 또는 순간 풍속 25m/s 이상이 예상될 때	육상에서 풍속 21m/s 이상 또는 순간 풍속 26m/s 이상이 예상될 때. 다만, 산지는 풍속 24m/s 이상 또는 순간 풍속 30m/s 이상이 예상될 때
풍랑	해상에서 풍속 14m/s 이상이 3시간 이상 지속되거나 유의파고가 3m를 초과할 것으로 예상될 때	해상에서 풍속 21m/s 이상이 3시간 이상 지속되거나 유의파고가 5m를 초과할 것으로 예상될 때

자료 : 기상청

풍력 발전 단지 바람이 강한 제주도의 북쪽 해안에서는 풍력을 이용한 발전 단지가 조성되어 있다(제주 제주, 2006. 1).

나 도서 지역, 높은 산지 등에서 바람의 힘이 에너지원으로 활용되고 있다. 그런 가운데 풍력 발전기를 에너지원이 아니라 이색적인 경관으로 활용하기도 한다. 누구나 새로운 경관에 관심을 기울이지만, 풍력 발전기가 언제까지 우리의 눈에 새로운 경관으로 비쳐질까. 혹시 경관으로서 매력을 잃은 풍력 발전기가 애물단지로 전락하면 어쩌나 걱정스럽다.

겨울바람은 공기를 더욱 차갑게 한다. 초등학교 시절, 등굣길이 살이 에이도록 추웠던 것은 바로 이런 바람 때문이었다. 3km 정도 떨어진 거리의 학교까지 한번에 쉽게 갈 수 없었다. 너무 추워서 중간에 모닥불을 피우고 작은 돌멩이라도 구워서 주머니에 넣어야 온기를 안고 걸을 수 있었다. 찬 북서 계절풍을 뚫고 학교에 도착한 아이들의 볼은 하나 같이 빨갛게 얼어 있었다. 겨울바람이 아이들의 얼굴을 그렇게 만들었다.

제주도의 집은 나지막하다

제주도를 삼다의 섬이라고 부른다. 돌과 바람과 여자가 많은 섬이라는 뜻이다. 이제 세 번째의 '여다(女多)' 가 사라지다시피 하였으니, 제주도는 명실상부한 '돌과 바람의 섬' 이 되었다.

'제주도에 가면 뭘 보아야 하느냐' 는 질문을 자주 받는다. 그때마다 '비행기에서 내리는 순간부터 다시 비행기를 타는 순간까지 모두가 볼거리' 라고 대답한다. 사실은 비행기에서 멀리 제주도가 보이기 시작하는 순간부터 그 모습이 사라질 때까지 모든 것이 볼거리이다. 낯선 이방인이 제주도 땅에 내린다면, 우리나라의 어디와 비교하여도 이색적인 경관뿐이다. 육지와 쉽게 구별되는 암석과 더불어 따뜻한 기온 그리고 바람이 이루어 낸 경관이다.

제주도의 기온이 주로 식생과 작물의 분포에 영향을 미쳤다면, 바람은 사람들이 살아가는 모습에 영향을 미쳤다. 그 대표적인 것이 가옥이다. 비행기에서 저 멀리 내려다보이는 알록달록한 마을을 바라보고 있으면 그저 모든 것이 평화롭다. 그 평화로움은 소박한 가옥의 지붕에서부터 시작된다. 지붕의 경사가 급하고 웅장하였다면 평화로움과는 조금 거리가 멀었을 것이다.

어떤 이는 제주도의 지붕이 섬 곳곳에 널려 있는 오름과 비슷하게 생겼다고, 그래서 그 둘이 잘 조화를 이룬다고 표현한다. 멀리 있는 오름과 나지막한 지붕을 같이 보고 있으면 그럴지도 모른다. 그러나 오름은 경사가 아주 급하다. 그렇게 보면 오름과 제주도 가옥의 지붕은 차이가 크다. 오름처럼

낮고 완만한 제주도 가옥의 지붕 제주도에서는 지붕의 경사를 완만하게 하여 겨울철 강한 바람에 적응하였다(제주 성읍민속마을, 2006. 1).

지붕의 경사가 급했더라면, 비행기에서 내려다보이는 평화로움은 분명 지금보다 덜하였을 것이다.

제주도 가옥의 지붕 경사는 완만하다. 우리나라에서 강수량이 가장 많은 지방이지만 바람이 강하기 때문이다. 같은 면적의 집이라도 지붕의 경사가 급하면 훨씬 더 커 보이고 웅장한 느낌이다. 중부지방의 서해안에 가 보면 집집마다 지붕 경사가 급하다. 처음 그런 집을 볼 때는 규모가 꽤 큰 집일 것이란 느낌이 든다. 그러나 막상 그 안에 들어가 보면 제주도의 집에 비하여 그리 크지 않다는 것을 곧 깨닫는다.

제주도의 지붕은 용마름을 하지 않았다. 이것 역시 강풍에 지붕이 망가지

개량된 지붕과 가옥 주변의 돌담 제주도의 개량 가옥은 강풍에 견딜 수 있게 거의 우진각 지붕을 하고 있다. 주변에 높게 쌓은 돌담 역시 같은 이유에서이다(제주 제주, 2007. 8).

는 것을 방지하기 위해서이다. 육지에서도 해안가보다는 내륙으로 갈수록 용마름을 웅장하게 처리한다. 제주도에서는 처마의 높이도 낮게 하여 바람에 받는 압력을 최소화하고 있다. 바람이 강한 어느 해안가에서는 가옥 주변의 돌담을 상모루 높이까지 쌓은 곳도 있다. 개량된 가옥은 대부분 우진각 지붕이다. 이는 섬 지방 어디에서나 비슷하다. 우진각 지붕이 바람의 피해를 최소화할 수 있기 때문이다.

제주도의 지붕은 누구에게 크게 보일 필요 없이 그저 자연에 순응하여 오늘날의 모습을 만들어 왔다. 지붕의 경사를 급하게 하면 강한 바람을 이겨내기 어렵다. 그리고 완만한 경사도 모자라 제주도의 지붕은 새(茅)를 덮고

제주도 가옥 지붕의 새끼줄 제주도에서는 지붕이 바람에 날리지 않게 새로 줄을 꼬아서 지붕을 촘촘하게 엮어 놓았다(제주 성읍민속마을, 2006. 1).

다시 새를 꼬아서 만든 줄로 지붕을 단단하게 엮었다. 바람이 강한 서쪽 지방에서는 새끼줄의 굵기가 동쪽 지방보다 굵다. 새끼줄의 간격은 매우 촘촘하다. 전국 어디를 돌아다녀도 그렇게 촘촘한 간격으로 엮어 놓은 지붕의 줄을 보기 어렵다. 새끼줄은 처마 밑으로 달아 놓은 대나무에 단단하게 묶어 바람에 날리지 않게 한다. 그러고도 불안하면 아예 그물을 덮기도 한다.

우리나라의 가옥은 일반적으로 북쪽에서 남쪽 지방으로 갈수록 개방적이라고 한다. 어쩌면 관북지방에서부터 남해안까지 본다면 그럴 듯한 이론이다. 그러나 제주도에 들어서는 순간 고개를 갸우뚱하게 된다. 제주도의 가옥은 개방적인 것과 거리가 멀다.

제주도의 집을 들어서기 위해서는 '올래' 나 '이문간' 을 통해야 한다. 올래는 도로나 골목에서부터 마당까지 이어지는 공간이다. 얼핏 보면 마치 작은 골목으로 착각할 수 있을 만큼 꽤 긴 경우도 있으며 양쪽에 돌담을 높게 쌓았다. 그 돌담 안으로 키가 큰 방풍림이 빽빽하게 들어선 경우도 있다. 올래 때문에 길에서는 집 안을 들여다볼 수 없다. 한편에선 잡귀가 집 안으로 들어오는 것을 막기 위하여 올래를 두었다는 이야기가 전해진다. 하지만 기후와 관련지어 보면 올래는 강한 바람이 집 안으로 직접 들이치는 것을 막아준다. 일반적으로 올래는 완만한 곡선으로 만들었으며, 직선이라 할지라도 가옥의 현관과 직각이 되지 않게 하였다. 올래의 앞에는 '정낭'을 두어 집 안에 사람이 있는지 없는지를 알렸다. 정낭은 돌기둥 위에 걸쳐 놓은 나무

제주도 가옥의 올래 올래는 골목과 마당을 연결하는 것으로 제주도의 가옥으로 들어서려면 반드시 거쳐야 하는 공간이다(제주 제주, 1994. 5).

막대기 셋으로 구성되며, 그것이 놓여 있는 모양에 따라 주인의 이동 거리를 알 수 있다고 한다. 그러나 어린 시절에도 이미 그런 것을 표시하였던 기억이 없다.

해안과 가까워서 공간이 좁아 올래를 만들기 어려운 경우에는 이문간을 두었다. 이문간은 먼문간이라 부르기도 한다. 해안가뿐만 아니라 중산간에서도 공간이 협소한 곳에서는 올래 대신에 이문간을 두었다. 이문간은 다른 지방에서 볼 수 있는 대문과 크게 다르지 않다. 제주도에 대문이 없다는 말은 잘못된 것이다. 제주도 북쪽 해안을 따라서 발달한 마을 중 인구가 밀집되었던 마을에는 예로부터 이문간을 둔 집이 많았다. 이것 역시 겨울철의 강한 바람과 관련된 것이다. 어떤 이는 이문간을 외적의 침입에 대비한 것이라

이문간 올래를 둘 만한 공간이 없는 가옥에는 이문간을 두어 바람이 집 안으로 몰아치는 것을 막는다 (제주 성읍민속마을, 2006. 1).

고 한다. 어느 해안에나 다 이문간이 있는 것이 아니고, 바람이 약한 한라산 남쪽 지방의 해안에서는 이문간을 보기 쉽지 않다. 강한 바람을 막기 위한 시설로 이해하는 것이 옳을 것 같다. 이문간은 높은 돌담과 이어져 있어 강한 바람이 안채로 들어오는 것을 막아 주기에 충분하다.

북서 계절풍이 강하게 부는 날, 올래나 이문간을 들어서서 마당에 서 있어도 집 안을 들여다보기 어려운 것은 마찬가지이다. '풍채' 때문이다. 풍채는 가옥의 전면에 설치된 것으로 지붕 아래에 매달아 지붕을 고정함과 동시에 차양의 역할을 한다. 햇빛이 강한 날은 받침대를 받쳐서 빛을 차단하며, 비바람이 강하게 몰아치는 날에는 그것을 내려서 바람과 비나 눈이 집 안으로 들이치는 것을 막는다. 풍채는 울릉도의 우데기, 전라도의 까대기와 기능이

받침대로 받쳐 놓은 풍채 풍채는 비바람이나 눈보라가 집 안으로 들이치는 것을 막아 주는 역할을 한다(제주 성읍민속마을, 2006. 5).

비슷하다.

제주도의 가옥은 겹집이다. 태백산지를 포함한 겨울이 추운 동네에서는 겹집을 짓지만, 겨울이 덜 춥거나 여름이 무더운 곳에서는 홑집을 짓는 것이 일반적이다. 제주도는 우리나라에서 겨울 기온이 가장 높은 지역이지만, 어디서나 겹집을 짓고 산다. 겹집은 찬 북서 계절풍을 막아 집 안을 따뜻하게 하는 데 도움이 되었다. 아무래도 벽을 많이 두면 보온이 된다. 그러고도 부족하여 방 앞에 '낭간' 이나 방 뒤쪽에 'ᄀ랑채' 라는 공간을 두어 바람이 직접 방 안으로 들어오는 것을 막았다. 방문을 이중으로 한 것도 찬 바람을 막는 데 효과적이었다. 요즘 짓는 집은 아파트이든 단독 주택이든 대부분 이중문을 설치한다. 제주도의 가옥에는 대부분 이런 이중문이 설치되어 있다.

제주도 가옥의 이중문 찬 북서풍이 방 안으로 들어오는 것을 막기 위하여 이중문을 설치하였다(제주 성읍민속마을, 2006. 7).

간혹 제주도 사람을 만난 타지 사람들 중에는 그를 배타적이라고 생각하는 경우가 있다. 혹시라도 그 생각이 맞는다면, 찬 북서 계절풍 때문은 아닌가 생각해 본다. 제주도의 바람은 맞아 보지 않고는 설명하기 어려울 정도로 매섭다. 제주도 사람들은 평생을 그 바람과 싸우다시피 하면서 살아야 했다. 그러니 어떤 면에서는 낯선 이를 대할 때도 경계하며 자신을 방어하려고 하는 점이 있을지 모르겠다. 바람은 이렇게 그들의 삶 속 깊이까지 파고들었다.

어느 날, 제주도를 방문한 서울 사람이 지나가는 학생에게 길을 물었다. 그 학생은 아주 친절하게 답하였다. 그러나 대답을 명확하게 알아듣지 못한 서울 사람은 다시 길을 물었다. 역시 학생은 친절하게 설명하였다. 그래도 서울 사람은 똑같은 질문을 다시 던졌다. 이번에도 학생은 친절하게 더욱 자

폐쇄적인 가옥 돌담 안에 집이 있지만 거의 보이지 않을 만큼 폐쇄적이다. 오른편에 북서 계절풍에 의해서 기운 편향수가 눈에 띈다(제주 서귀포, 2006. 5).

세히 설명하였다. 그제야 서울 사람은 '제주도 사람들은 모두 그렇게 말이 빠르냐' 면서 더 이상의 질문을 포기하였다.

이런 일은 울릉도에서도 벌어졌다. 답사 때 어떤 집의 울타리가 특이하여 한 할머니에게 그것을 무엇이라고 부르는지 여쭈었다. 뭐라고 하는지 도무지 알아듣기 어려운 짧은 대답이었다. 다시 질문하였다. 그러기를 다섯 번. 이번에는 할머니가 화가 났는지 목소리를 높였다. '도대체 그 말을 왜 못 알아듣느냐' 고. 끝내 알아듣지 못하였다. 후에 알아보니, 그 대답은 '우딸' 이었다. 울타리를 짧게 줄여서 발음한 것이다. 그런데 그 발음을 너무 짧게 하여 마치 한 음절로 들린 것이다. 그러니 다른 지방 사람으로서는 도저히 알아듣기 어려웠을 것이다.

높다랗게 서 있는 우딸 울릉도의 우딸은 강한 바람이 집으로 들이치는 것을 막아 주는 울타리를 말한다(경북 울릉, 2005. 5).

섬 지방의 사투리는 투박한 편이다. 게다가 말이 짧다. 그러면서 그 짧은 말을 빠르게 발음한다. 그래서 도시로 나오면 사투리 때문에 적응하기 어려워하는 섬 사람이 있다. 적응하기 어려운 경우는 도시에 살다 섬을 찾는 사람도 마찬가지이다. 섬 지방 사투리가 그런 것은 기후의 영향이 크다. 대부분 섬에서는 바람이 강하므로 체감온도가 낮아 습관적으로 말을 빠르게 한다. 또 강한 바람 때문에 끝말이 잘 들리지 않아서 말의 끝부분을 발음하지 않는 것처럼 들리기도 한다.

서해안에는 까대기가 있다

한겨울에 서해안의 바닷가에 서 있으면, 제주도 못지않은 바람의 매서움을 실감한다. 북서 계절풍이 몰아칠 때는 사진을 찍기 위해 바닷가에 서 있기 힘들 만큼 한기가 살을 파고든다. 모자를 좋아하지 않았지만 서해안 답사를 하다 보니 습관적으로 모자를 쓰게 되었다. 심지어 귀마개까지 하고 싶어진다. 찬 바람 속에 그냥 서 있으면 마치 귀가 떨어져 나갈 것 같다.

서해안의 가옥구조를 조사하기 위하여 김제와 정읍 등 여러 지역을 답사한 적이 있다. 날씨가 추워서 힘들었지만, 겨울철 답사가 훨씬 효율적이라는 사실을 쉽게 깨달았다. 겨울바람이 부는 날 가옥을 둘러보아야 바람에 어떻게 대비하고 있는지 명확히 알 수 있다. 더욱이 바닷가의 마을이라면 말할 것도 없다. 광활면은 그런 대표적인 곳이다.

한겨울에 광활면을 가로지르는 길에 서 있으면 매서운 바람을 실감할 수 있다. 더욱이 그 길은 북서 계절풍이 잘 불어올 수 있게 북서에서 남동 방향으로 뻗어 있다. 한동안의 말썽 끝에 공사 중인 새만금 간척지가 다 만들어

광활의 마을 분포 도로의 방향이 북서–남동으로 뻗어 있어서 겨울철 북서 계절풍이 도로를 따라서 강하게 분다.

지고 나면 상황은 바뀌겠지만, 거의 바다로 둘러싸인 광활이나 그 북쪽의 진봉 모두 겨울철 바람이 매서운 곳이다. 그러나 이주 초기에 겪었던 이야기를 듣고 있노라면, 지금 겪는 정도의 바람은 오히려 푸근하다고 느껴진다.

광활은 일제에 의해서 간척이 이루어졌다. 그 북쪽에 조성된 간척지인 군산의 평화촌에는 주로 일본인들이 이주한 반면, 광활에는 1933년부터 조선인들이 이주하였다. 이주 당시 광활의 가옥은 부자도 없고 가난한 이도 없었다. 그저 다리 뻗고 누울 공간과 보리라도 삶을 수 있는 정지, 그리고 헛간이 전부였다. 그런 상태로는 찬 북서 계절풍을 막아 내기 어려웠다. 게다가 그 무렵은 우리나라에서도 추위가 심했던 시절이다. 당시 주민들의 심정이란 스탈린에 의해 연해주에서 중앙아시아로 쫓겨 간 고려인과 크게 다르지 않았을 것이다. 그래서 그들은 살아남기 위한 방안을 강구하였다. 고려인들이

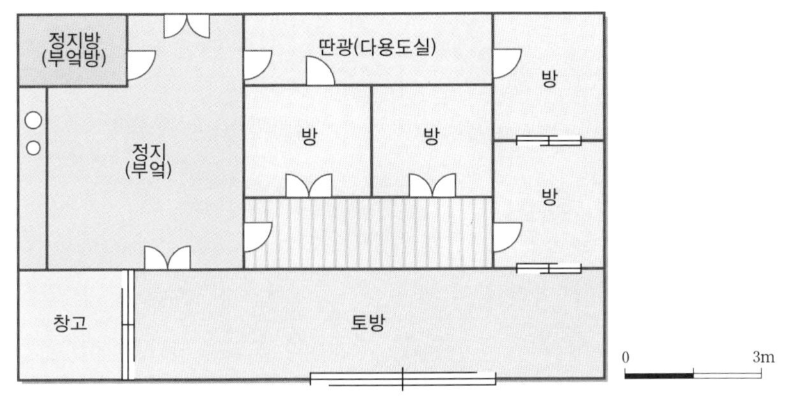

광활의 가옥 평면도 가운데의 방 두 개와 정지는 초기부터 가옥 안이었지만 나머지 방은 까대기로 막혀 있던 토방이었다.

땅을 파고 움막을 지었듯이 가옥의 둘레에 '까대기' 라는 것을 설치하였다.

가옥 밖에는 여전히 간척지의 소금 바람이 날리고 있었다. 그래도 그들은 그 땅에 희망을 가졌다. 점차 식구가 늘자 가옥의 모양이 조금씩 바뀌었다. 헛간이 방으로, 까대기와 방 사이의 토방이 마루로 바뀌었다. 그러면서도 가옥을 둘러싸고 있는 까대기의 흔적은 고스란히 남겼다.

만경들이나 김제들을 포함하여 전라도의 여러 지역을 자주 답사한 편이지만, 까대기를 알게 된 것은 꽤나 시간이 흐른 뒤였다. 아주 우연한 일이었다. 오래전부터 알고 지내던 지역 사람에게 가옥구조를 조사한다고 하였더니 바로 까대기를 아느냐는 질문을 하였다. 그날 밤 꼬박 날이 새기만을 기다렸다. 까대기의 실체가 너무도 궁금하였다. 하지만 그 지역에서는 까대기를 볼 수 없었다. 그 후로 10여 년 가까이 전라도의 가옥구조에 관심을 가지고 답사하고 있지만, 아직까지도 까대기의 원래 모습은 보지 못하였다.

까대기는 여러 가지 목적으로 만들어진 것 같지만, 기본적으로 바람을 막는 역할을 한다. 찬 바람이 불어오기 시작할 무렵, 처마에 이어지는 차양을 따라서 볏짚으로 새로운 벽을 만든 것이 까대기이다. 까대기는 찬 북서 계절풍과 그것에 동반되어 날아오는 눈보라를 막기에 충분하다. 이로써 집 안을 따뜻하게 하는 데 도움이 된다. 찬 북서풍이 잦아들고 포근한 봄이 찾아올 무렵 그 벽을 걷어 낸다. 이와 같이 매년 늦가을에 설치하고 봄이 되면 걷어 내는 것이 울릉도의 우데기와 구별된다. 까대기의 흔적은 전라도 어디에서나 볼 수 있다. 바닷가는 물론 내륙에도 그 흔적이 남아 있다.

까대기는 가옥의 앞과 뒤뿐만 아니라 측면에 달기도 하였다. 측면 쪽의 까대기 안쪽의 공간은 주로 농경생활에 필요한 도구를 보관하는 장소로 이용

까대기의 흔적 가옥의 전면과 측면으로 기둥을 박고 차양과 같이 플라스틱 지붕을 달아서 바람이 불 때 비나 눈이 들이치는 것을 막고 있다(전남 나주, 2008. 2).

된다. 그러다 보니 측면에 설치한 까대기는 거의 고정되어 있어서 마치 가옥의 한 공간으로 보이기도 한다. 가옥 뒤쪽의 까대기도 가옥의 규모가 커질 필요성에 따라 가옥의 한 공간으로 통합되었다. 광활에서는 그런 곳을 '딴광'이라 부른다. 가옥 뒤와 옆의 까대기는 오늘날 벽돌에 시멘트를 발라서 만들기에 완벽하게 가옥의 일부로 생각될 정도이다.

전면의 것은 겨울에만 설치하는 것이 보통이며, 대개 비닐로 가옥을 둘러싼다. 북서풍이 몰아치는 한겨울에도 까대기와 가옥 사이의 공간인 토방에 들어서면 아주 포근하다. 비닐은 온실효과에 적격이다. 태양 에너지가 토방으로 들어오게 하지만, 토방의 에너지가 밖으로 나가는 것은 막아 준다.

바닷가나 섬에서는 까대기 대신에 아예 덧문을 달기도 한다. 덧문이 있는

까대기를 대신하는 비닐 벽 가을이 깊어지면서 전라도의 마을에서는 까대기를 대신하는 비닐 벽을 설치하기 시작한다(전북 완주, 2006. 10).

개야도의 가옥 한여름이지만 가옥의 전면에 덧문이 달려 있으며, 지붕이 바람에 날리지 않게 두꺼운 줄로 엮어 놓았다(전북 군산, 1998. 7).

가옥을 찾았을 때는 후덥지근한 한여름이었다. 덧문을 떼어도 푹푹 찔 텐데, 덧문 몇 개를 그대로 달고 있었다. 주관적 판단일지 모르지만, 겨울바람이 그만큼 더 매서운 것이라 생각하였다. 노인들에게는 덧문을 떼고 다는 것보다 차라리 여름 무더위를 견디는 것이 낫다고 생각될 수도 있겠다.

덧문까지 달고 있는 가옥의 지붕은 대부분 줄로 묶여 있었다. 지붕이 통째로 날아가지 못하게 꽁꽁 묶어 놓았다. 줄은 자동차를 끄는 데 사용할 수 있을 만큼 튼튼한 나일론으로 만든 것이다. 그런 지붕은 경사가 아주 완만한 우진각으로 작은 마을을 더욱 소박하게 보이게 한다. 그나마도 집이 높은 돌담 등으로 둘러싸여 있다. 또한 이런 가옥에는 어김없이 높은 굴뚝이 있다. 바람이 많은 곳에서는 굴뚝이 높아야 아궁이에 지피는 불이 방고래로 잘 든다고

굴뚝이 높은 가옥 바람이 강한 서해안 지방의 가옥은 연기의 역류를 막고 불이 방고래로 잘 들게 하기 위해 대부분 굴뚝을 높이 만들었다(충남 예산, 1999. 1).

한다. 굴뚝이 낮거나 없으면 연기가 역류하여 밖으로 빠져나가지 못한다.

바람이 강한 곳의 가옥은 어디서나 굴뚝이 높다. 섬뿐만 아니라 해안을 따라서는 대부분 높은 굴뚝을 볼 수 있다. 답사한 곳 중에서는 강화도와 예산, 태안반도, 전라도의 서해안 쪽 굴뚝이 두드러졌다. 반면에 바람이 약한 내륙에서는 굴뚝이 낮다. 옛집을 보존하고 있는 청풍 문화재 단지에서는 굴뚝을 찾기 쉽지 않다. 보일 듯 말 듯 가옥 뒤에 낮게 자리 잡고 있다. 바람이 강한 제주도의 가옥에는 굴뚝이 없다. 확실한 이유는 밝혀지지 않았지만, 난방용 불과 음식 장만을 위한 불이 다르다는 것이 한 가지 이유일 것이다. 제주도의 가옥에서는 밥을 짓는 불이 방 아궁이로 들어가지 않는다.

15

눈이 많은 곳에서는 어떻게 살았을까

울릉도의 알봉이나 나리 분지의 가옥은 지붕의 경사가 급하다. 그렇지 않고는 도무지 그 위에 쌓이는 눈을 견뎌 내기 어렵다. 그리고 '우데기'는 한겨울에 눈이 처마까지 쌓였을 때 가옥 주변으로 이동 통로를 확보해 준다. 영동지방의 가옥에도 우데기와 비슷한 기능을 하는 '뜨럭'이 있으며, 부엌을 중심으로 대부분의 가옥 기능이 집중되어 있다.

강아지나 아이들은 눈을 좋아하지만, 나이 먹은 사람들에게 눈은 다르게 다가올 수 있다. 어정쩡한 나이의 사람들은 눈에 대하여 잘못 이야기하면 노인 취급 받기 십상이다. 그러나 겨울이라면 눈이 내려 줘야 하고 누구나 하얗게 내리는 눈을 반가워한다. 아마도 어떤 날씨보다도 기다려지고 반가워하는 마음이 클 듯하다. 첫눈이라도 내리는 날은 모든 일정을 바꿀 만큼 눈의 위력은 대단하다. 그런가 하면 반가웠던 눈이 금세 싫증 나는 대상으로 바뀔 수도 있다. 자동차가 발이나 다름없는 세상에 사는 요즘 눈이 그리 반가울 리만은 없다.

초등학교 시절에는 집이 이웃과 고립이 되건 말건 밤새 쌓여 있는 눈을 보

눈 덮인 고요한 마을 눈이 며칠째 쌓이면서 마을이 눈 속에 묻혔다(전북 고창, 2005. 12).

제설 작업 가옥이 고립되는 것을 막기 위해서는 노인들도 제설 작업을 하지 않을 수 없다(강원 정선, 2008. 1).

면서 항상 즐거워하였다. 당시 별 장난감이 없던 아이들에게 눈은 그 자체가 놀잇감이었다. 집 앞에 쌓인 눈을 치우는 일조차도 즐거웠다. 그러나 오늘날 노인들이 대부분인 시골에서 쌓여 가는 눈은 시름을 안겨 줄 뿐이다. 팔순이 지난 노인까지도 제설 작업을 해야 한다. 젊은이가 꽤 많은 마을에서는 온갖 농기계가 제설 작업에 동원된다.

어쨌거나 과거의 아이들에게는 연을 날리더라도 맨 돌밭에서 날리는 것보다는 하얀 눈밭 위가 더 나았고, 언덕에서 눈썰매라도 즐길 수 있었다. 거리에 자동차가 거의 없던 시절이라 경사 진 길은 모두 아이들의 놀이터로 변하곤 하였다. 들판에 눈이 다 녹아 가는 모습은 겨울이 끝나고 있음을 알리는 것이었고, 방학이 끝나 감을 알리는 것이기도 하였다. 하루가 다르게 녹아내리는 눈이 아이들에게는 그렇게 아쉬울 수가 없었다.

차츰 나이가 들고 군대에서 맞이한 눈은 어린 시절과는 크게 달랐다. 공군 비행장에서 근무하였던 시절의 눈은 더욱 그러하였다. 활주로에 눈이 있으면 비행기 이착륙이 곤란하므로 눈이 예보되면 계급에 관계없이 퇴근이 금지되곤 했다. 그러니 모두 기상대의 예보에 신경을 곤두세울 수밖에 없었다. 눈이 내린다고 예보를 하여 놓고 눈이 안 내려도 입장이 곤란하지만, 눈이 내린다 한들 즐겁지 못하였다. 눈이 그치기 무섭게 활주로의 눈을 치워야 했다. 눈이 내리기 시작하여도 역시 모두 기상대만 바라보고 있었다. 그러나 퇴근 후에 부대 밖에서 보는 하얀 눈은 역시 반가웠다. 그 후로도 눈에 대한 마음은 늘 두 가지이다. 어떤 날씨보다도 반갑게 기다려지기도 하지만 역시 한쪽으로는 생활을 불편하게 하는것임에 틀림없었다.

울릉도에는 우데기가 있다

지리학을 공부하였지만 울릉도에는 늦게 발을 들여놓았다. 지리학을 이야기할 때마다 처음으로 등장시키는 지역은 항상 울릉도였다. 그것도 가 보지도 않은 울릉도를 몇 차례 다녀오기라도 한 것처럼. 보지는 못하였지만 그곳에 내리는 많은 눈과 관련지어서 학생들에게 할 수 있는 이야기가 적지 않았다. 그러나 마음 한구석에는 늘 불편함이 자리 잡고 있었다. 가 보지 않은 곳을 이야기하는 것에 대한 꺼림칙함이었다.

드디어 어느 해 겨울, 큰 기대를 안고 울릉도행 쾌속선에 몸을 실었다. 남들은 '왜 겨울에 울릉도를 찾느냐' 고 했지만, 울릉도의 참맛을 느끼려면 겨울의 눈을 보아야 한다고 생각하였다. 세 시간이면 갈 수 있다는 뱃길을 그보다 한 시간여를 더 항해한 끝에 멀리 뿌연 하늘 아래 울릉도가 보이기 시작하였다. 눈에 대한 기대가 더욱 커졌다. 그동안 강의를 통하여 설명하였던 바에 의하면, 바로 그런 날씨가 많은 눈이 내릴 수 있는 조건이었다. 기대에 부응이라도 하듯 울릉도는 온통 검은 세상 속에서 하얀 눈이 간간이 내리고 있었다.

그러나 울릉도에서의 눈은 그것이 전부였다. 열흘이 넘게 울릉도에 묶여 있었지만, 눈은 더 이상 볼 수 없었다. 어찌된 일인지 풍랑주의보가 내려지고 배가 묶이게 될 만큼 북서 계절풍은 불어왔지만 눈은 내리지 않았다. 주민들에게 확인하였더니 이렇게 눈이 내리지 않게 된 지 꽤 되었다고 했다. 마치 짜 맞추기라도 한 듯, 지구 온난화가 세간에 오르내리기 시작한 1980년대 이후부터 눈이 내리지 않는다는 것이었다. 그 후 20년 가까이 눈이 줄었지만 2000년 겨울부터 다시 늘고 있다.

울릉도의 기상 관측소가 성인봉 남쪽에 있어서 관측 통계가 실제 눈이 많은 나리 분지나 알봉 주변의 상황을 반영하지 못할 수 있다. 울릉도는 면적이 약 72.9km^{2}로 우리나라 섬 중 여덟 번째에 불과하지만, 그 안에서 눈의 지역 차이가 크다. 관광객이 많이 찾는 도동에서는 눈의 흔적도 볼 수 없지만, 나리 분지나 알봉에는 사륜구동 차량이 아니면 들어가기도 어려울 정도로 눈이 쌓인 경우가 흔하다.

울릉도의 눈을 실감한 것은 그 첫 겨울 이후 3년의 세월이 흐른 뒤였다. 이번에도 겨울의 울릉도는 쉽지 않았다. 포항에서 일주일을 인내한 후에야 울릉도행 여객선을 탈 수 있었다. 일주일이나 풍랑주의보가 내려진 것이다.

눈 덮인 나리 분지 나리 분지는 성인봉의 북쪽에 자리 잡고 있어서 울릉도에서도 눈이 많이 내리는 곳이다. 분지 안의 마을이 완전히 눈으로 덮여 있는 듯하다(경북 울릉, 2003. 1).

그만큼 눈을 볼 가능성은 커졌다. 역시 나리 분지와 알봉에서 기다리던 눈 소식이 전해지고 있었다.

나리 분지로 가기 위하여 북쪽 해안에 자리하는 천부라는 마을에서 전화를 하였더니 우리가 타고 있는 차로는 통행이 어려워, 일행을 데리러 온다고 하였다. 한참 후 농사용으로 사용하는 사륜구동 트럭이 도착하였다. 천부를 벗어나자마자 모든 상황이 급변하였다. 아무리 사륜구동차라 하지만 괜찮을까 하는 불안한 마음이 떠나질 않았다. 도로는 서 있기도 힘들 만큼이나 급경사이고 그 위에 어느 정도 두께인지 알 수 없는 눈이 덮여 있었다.

어렵게 도착한 알봉의 눈은 울릉도 눈의 진수를 보여 주었다. 게다가 울릉도의 가옥은 왜 저렇게 지어야 했는가를 단적으로 보여 주었다. 눈의 높이가 처마와 맞닿아 있으니 하늘에서 내려다본다면 집이 있는 것조차도 알아보기 어려울 정도이다. 그 겨울을 넘기고 봄이 상당히 깊어진 4월 초에 알봉을 다시 찾았다. 아직도 발이 푹푹 빠질 만큼 눈이 쌓여 있었다. 주변 산지에도

나리 분지에서 알봉으로 가는 길 봄소식이 전해지고 꽤 날이 지났지만 알봉으로 가는 길에는 눈이 깊이 쌓여 있다(경북 울릉, 2003. 4. 1).

나무 밑에는 눈이 하얗게 덮여 있었다. 주민들에 의하면 그곳에선 겨울 내내 처마 위까지 눈으로 막혀 있는 경우가 허다하였다고 한다.

알봉이나 나리 분지의 가옥은 울릉도 다른 곳의 가옥과 달리 지붕 경사가 급하다. 주변을 둘러싸고 있는 산봉우리만큼이나 급한 경사이다. 그러지 않고는 도무지 그 위에 쌓이는 눈을 견뎌 내기 어려울 것 같다. 경사를 급하게 두었기 때문에 지붕에서 눈이 쉽게 흘러내린다. 이와 달리 울릉도 해안가 가옥의 지붕은 경사가 완만하다. 해안가에는 눈이 많지 않다는 것을 쉽게 확인시켜 준다. 설령 눈이 내린다 하여도 오랫동안 쌓여 있지 않고 금세 녹아내린다. 그래서인지 눈보다는 강한 바람에 대비하려는 흔적이 더 역력하다.

울릉도 해안가의 가옥 울릉도 해안가의 가옥은 지붕의 경사가 완만하여 소박하게 보인다. 좁은 마당 앞으로 바람을 막으려는 우딸이 보인다(경북 울릉, 2006. 5).

우데기와 죽담 울릉도 가옥에서 벽과 우데기 사이의 공간을 죽담이라고 하며 눈이 많이 쌓였을 때 통행에 도움을 준다. 왼편이 가옥 벽이고 오른편의 벽이 억새로 만들어진 우데기이다(경북 울릉, 2003. 1).

우리나라 사람들에게는 울릉도의 가옥 하면 무엇보다도 '우데기'가 떠오른다. 일찍이 중고등학교 교과서에 소개된 덕을 본 것이다. 그러나 전라도의 까대기를 아는 이는 흔치 않다. 울릉도의 인구가 근근이 1만 명을 유지하고 있지만, 광주를 포함하여 전라도의 인구는 500만 명에 가깝다. 그런데도 대다수의 사람들이 우데기는 알지만 까대기를 모르는 것을 보면 교과서의 위력이 대단함을 새삼 느낀다.

우데기나 까대기는 그 생긴 모양이나 기능이 비슷하다. 우데기는 억새를 짜서 만든 일종의 벽이고, 까대기는 볏짚으로 만든 것이다. 우데기는 일 년 내내 고정된 것이고, 까대기는 겨울에만 설치하는 것이 다르다. 까대기는 겨울의 찬 바람을 막는 것이 주목적이라면 우데기는 단연코 눈이 집 안으로 들어오는 것을 막는 것이다. 한겨울에 눈이 처마까지 쌓이는 일이 흔하다 보니, 그런 벽을 두지 않으면 문 앞이 막혀서 밖으로의 출입이 전혀 불가능하다. 눈이 쌓여 있을 때 가옥 주변에서 출입로를 확보하기 위하여 만든 것이 우데기이다. 우데기와 가옥의 벽 사이의 공간인 '쭉담' 은 이동 통로로 활용된다. 해안가 가옥의 우데기는 바람을 막는 역할도 중요하였다.

폭설이 내릴 때면 당연히 고도가 높은 곳에 자리하는 마을은 고립되게 마련이다. 이런 상황은 오늘날에도 크게 다르지 않다. 겨울에도 나리 분지의 마을에는 간간히 찾는 관광객이 있지만, 고도가 높은 곳의 마을은 외부와의 연락이 거의 두절된다. 이때 '삭도' 는 눈으로 고립된 작은 마을의 숨통을 열

울릉도의 삭도 폭설이 내리면 고립되는 울릉도의 작은 마을은 삭도를 설치하여 생활용품을 수송한다 (경북 울릉, 2007. 5).

어 준다. 고립된 속에서도 생활을 해야 하므로 울릉도에서는 일찍부터 삭도가 발달하였다. 그 삭도를 이용하여 생활용품을 전달한다. 오늘날에는 삭도가 울릉도 특산품의 하나인 산나물을 운반하는 수단으로 유용하다. 섬 전체가 경사가 급한 것도 삭도를 발달시킨 이유 가운데 하나였을 것 같다.

영동지방에는 뜨럭이 있다

비가 부슬부슬 내리던 어느 가을, 강릉 주변의 금광평이란 곳을 답사하였다. 여유 시간에 금광평 끝에 자리 잡고 있는 저수지 윗마을에 들렀다. 여남은 가구가 모여 사는 작은 마을의 한 집을 자세히 보게 되었다. 비가 내리고 있는데도 고추를 말리고 있었다. 그 공간은 영락없는 우데기와 쭉담이었다. 그러나 당시에는 우데기를 보지도 못하였을 뿐더러 쭉담이란 공간조차도 잘 몰랐기에 별다른 관심을 두지 않고 마을을 내려왔다.

그 후로 금광평을 자주 찾게 되었다. 사실 그전까지는 기껏해야 일 년에 한두 차례 정도 강릉을 찾았다. 겨울철에 그곳을 찾아보니 전에 보았던 그 공간이 더욱 도드라졌다. 급기야 왜 그런 공간이 필요한가에 관심을 갖게 되었고, 결국 눈이 많은 지역에서는 어떻게 가옥을 짓고 사는지 조사하기에 이르렀다.

겨울철에 영동지방의 가옥을 조사할 때, 주인을 찾으면 십중팔구는 부엌문으로 나온다. 집에서 가장 크고 가운데 있는 문으로 나올 것이라 기대하였던 일행에게는 당황스럽기도 하였다. 자세히 관찰하여 보니, 집 안으로 들어갈 때 부엌 앞으로 가서 턱으로 올라선 후 방으로 들어갔다. 아니면 일단 부엌으로 들어가서 방과 연결되는 작은 문을 통하여 들어갔다. 여기서 이 턱과

뜨럭 영동지방의 가옥 전면에 설치된 30~90cm의 턱을 뜨럭이라고 한다. 그 앞으로 비닐 등으로 벽을 만들어 고추 등을 말리는 공간으로 이용하고 있다(강원 강릉, 2001. 1).

부엌에 주목하게 되었다. 가옥에 따라서 다르긴 하지만, 어떤 집은 턱을 올라 직접 방으로 들어가기에는 너무 높은 경우도 흔하다. 이 턱을 '뜨럭' 이라고 한다.

영동지방의 가옥에는 어느 집에나 뜨럭이 있다. 뜨럭은 집의 전면에 30~90cm 정도 높이의 턱이다. 바로 올라서기에는 다리에 무리가 갈 수 있는 높이이다. 부엌 앞에는 쉽게 올라설 수 있도록 뜨럭을 낮게 하였다. 뜨럭의 높이는 해안에서 낮고 해발고도가 높은 곳으로 갈수록 점점 높아진다. 바꿔 말하면 눈이 많이 내리는 곳일수록 뜨럭이 높아진다. 뜨럭은 방과 방, 혹은 방과 부엌 사이를 이동하는 공간으로 활용되며, 측면의 뜨럭에는 겨울 동안 사

뜨럭의 활용 가옥 측면의 뜨럭에는 겨울 동안 사용할 장작을 쌓아 놓는다. 이렇게 쌓아 놓은 장작은 눈보라가 집으로 들이치는 것을 막아 주기도 한다(강원 강릉, 2001. 1).

눈이 왔을 때의 뜨럭 뜨럭은 눈이 쌓였을 때 통행을 원활하게 하기 위해서 설치한다. 방문 앞에 신발이 놓여 있는 공간이 뜨럭이다(강원 강릉, 2000. 2).

용할 장작을 쌓아 두기도 한다. 장작은 땔감으로서뿐만 아니라 눈이 집 안으로 들이치는 것을 막는 역할도 한다.

폭설로 집 앞에 많은 눈이 쌓이면 생활 자체가 어렵다. 뜨럭은 이런 상황에 대비하려고 만든 것이다. 뜨럭의 끝이 처마의 끝과 일치하도록 설치한다. 지붕에서 흘러내리는 눈이 뜨럭 밖으로 떨어지게 고안한 것이다. 그러므로 아무리 많은 눈이 내린다 하여도 뜨럭은 거의 마른 상태이다.

오늘날에는 보일러가 보급되면서 열효율을 높이기 위하여 뜨럭 앞으로 알루미늄 새시 문을 설치하는 곳이 늘고 있다. 장작을 때던 시절에는 새시 문이 필요하지 않았다. 재료는 다르지만 새시 문은 마치 우데기와 비슷하다.

뜨럭에 새시 문을 단 모습 보일러가 보급되면서 열효율을 높이기 위하여 뜨럭에 알루미늄 새시를 설치하였다(강원 삼척, 2000. 1).

영동지방에서는 울릉도나 전라도에서와 같은 우데기나 까대기가 필요 없다. 영동지방 눈의 성격이 두 지역과 다르기 때문이다. 울릉도나 전라도의 눈은 북서 계절풍이 강하게 불 때 내리므로 눈보라가 집 안으로 몰아친다. 반면 영동지방의 눈은 북동쪽에 중심을 두고 있는 이동성 고기압에서 불어오는 북동풍이 불 때 발달하므로 비교적 조용히 내린다. 이동성 고기압에서 불어오는 바람은 강하지 않다. 그러므로 별도의 벽을 하지 않더라도 생활에 큰 불편이 없다. 뜨럭 자체만으로도 눈에 대비할 수 있다.

어느 가옥의 부엌에 처음 들어서는 순간, 나도 모르게 옆에 있던 일행에게 '우리 여기서 축구하자' 는 말을 건넸던 적이 있다. 축구하자는 우스갯소리를 할 정도로 부엌이 넓었다. 고향의 부엌도 꽤나 넓었던 것으로 기억하지만, 그 부엌을 보는 순간 눈이 휘둥그레졌다. 나중에 하나 둘 알고 보니 부엌

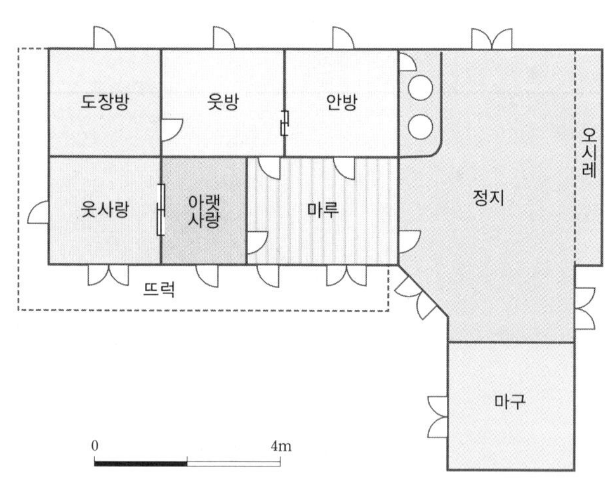

영동지방의 가옥 평면도 영동지방의 가옥은 겹집이면서 부엌을 중심으로 대부분의 기능이 집중된 것이 특징이다(강원 양양).

이 넓은 것은 당연하였다. 눈이 많이 쌓였을 때는 부엌이 생활의 중심이 된다. 그러므로 부엌은 넓고 집 안의 어디로도 연결될 수 있게 사방으로 문이 나 있다. 뿐만 아니라 외양간도 부엌과 연결되어 있다. 부엌에서 아주 먼 곳에 마구간이 있던 제주도에서 성장한 사람에게는 이 또한 낯선 장면이었다. 그러나 한겨울 눈이 쌓였을 때를 생각하면 외양간이 부엌과 접하고 있는 것이 당연하다. 소여물을 끓여서 바로 외양간의 구유로 넣어 줄 수 있다. 집 안의 모든 공간은 외부로 나가지 않고 연결된다. 부엌을 중심으로 집 안의 기능이 집중되는 것은 눈이 많은 곳에서는 어디서나 마찬가지이다. 눈이 적은 지방의 가옥이 마당을 중심으로 흩어져 있는 것과 대비된다.

눈이 많은 산간 지방으로 가면 부엌의 천장을 통하여 집 밖으로 나갈 수 있는 문이 설치된 경우도 있다. 사방으로 눈이 많이 쌓여서 밖으로 나가기 어려울 때 부엌 안에서 사다리를 타고 올라가 지붕의 눈을 쓸어 내리기도 하고 외부의 다른 집과 연락을 취하기도 한다.

16

더위와 추위는 어떻게 극복하였을까

삼복더위가 찾아오면 사람들은 삼계탕이나 보신탕과 같은 보양식을 찾는다. 장마와 무더위에 지친 몸의 원기를 회복하는 데 효과가 있다. 높은 기온에 음식이 상하지 않도록 장아찌나 젓갈과 같은 음식도 발달하였다. 한편 한겨울 추위를 이겨 낼 수 있도록 온돌이 발달하였으며, 겨울 동안 먹을 수 있도록 김장을 담갔다.

우리나라의 기후는 무더위와 추위가 있는 것이 특징이다. 중위도에 자리 잡은 나라 대부분이 그렇지만 우리나라만큼 계절변화가 명확한 곳이 드물다. 그럴 수 있는 것은 여름철의 무더위와 한겨울의 추위가 있기 때문이다.

만약 무더위가 없다면 우리나라는 어떻게 될까? 결론부터 이야기하자면 그것은 상상할 수도 없는 재앙이 될 것이다. 우리는 여름철의 무더위를 꽤나 힘들어하지만, 무더위는 반드시 필요한 기후이다. 우리 민족은 한반도의 다양한 기후에 적응하고 순응하면서 오늘날의 문화를 만들어 왔다. 그중에서도 쌀을 먹고 산다는 것이 무엇보다도 중요하다. 벼농사 문화권에 살고 있는 우리는 새해를 맞이하면서 처음 먹는 음식이 쌀로 만들어진 것이다. 바로 그런 점에서 여름철의 무더위가 중요하다. 그 무더위가 있어서 새해 첫날에 쌀로 만든 음식을 먹을 수 있다. 무더위가 사라진다면 우리는 우리가 생산한 쌀을 먹을 수 없게 된다.

1980년 어느 가을 새벽, 답사를 위해서 봉화에서 울진으로 이어지는 36번 국도를 달리고 있었다. 비포장도로를 한참 달린 후에 날이 밝았다. 창밖으로 시선을 돌리니 새벽잠을 덜 깼나 의심할 정도로 놀라운 장면이 펼쳐지고 있었다. 황량한 들판에 하얀 벼가 꼿꼿하게 서 있었다. 수확을 포기한 벼에 하얗게 서리가 내린 것이다. 뾰족한 벼 끝의 서리가 마치 농민의 심장이라도 찌를 듯 보였다.

이게 웬일인가? 벼는 익을수록 고개를 숙인다는데, 11월에 벼가 꼿꼿이 서 있다니? 그해 여름은 선선하였다. 전국적으로 8월 평균기온이 예년에 비하여 3℃가량 낮았다. 벼가 그렇게 서 있는 것은 바로 서늘했던 8월 기온의 대가였다. 가장 무더워야 할 8월에 무더위가 찾아오지 않아 나타난 결과였

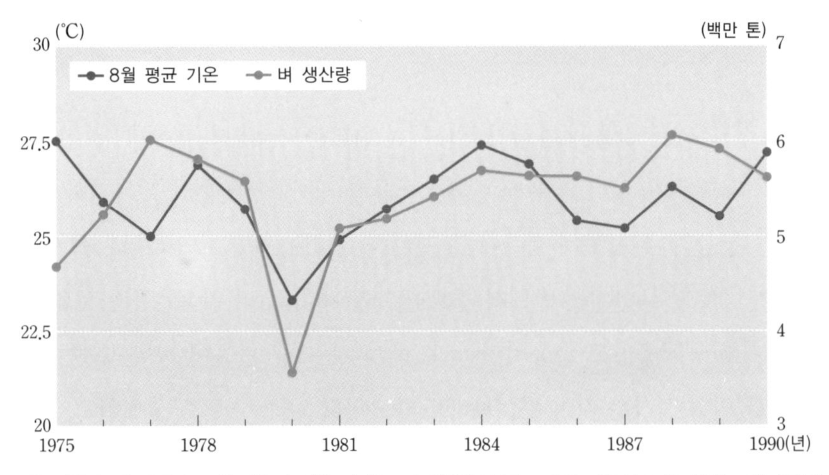

8월 기온과 벼 생산량 8월 기온이 낮은 해에는 벼 생산량이 줄고, 8월 기온이 높은 해에는 벼 생산량이 느는 것을 볼 수 있다.

다. 그 덕에 1980년의 쌀 생산량은 그 전해 생산량의 60%를 조금 넘는 수준에 그쳤다. 물론 그해 가을에도 TV 뉴스에서는 풍년의 황금 들판을 노래했겠지만 그해는 분명 흉년이었다. 이런 해가 몇 년 이어지면 나라가 위태로워진다. 세계적으로 유명한 19세기의 아일랜드 감자 대기근이 그런 사례이다. 그렇다. 우리의 여름은 무더워야 한다. 그래야 모든 것이 정상으로 돌아간다.

겨울에 추위가 없다면 어떤 일이 벌어질까? 겨울 추위가 지속적으로 사라진다면 보다 심각한 일이 벌어질 것이다. '사과' 하면 대구나 경산 등을 떠올렸다. 그러나 이제는 옛말이 되어 가고 있다. 이제 사과의 주산지는 대구나 경산보다는 겨울이 더 추운 북쪽으로 옮겨 가고 있음이 분명하다. 안동이나 봉화, 영주, 충주 등은 물론 영월까지도 새로운 사과 산지로 부상하였다.

과일 농사가 잘 되기 위해서는 겨울이 적당하게 추워야 한다. 겨울 추위가 사라지면 그동안 적응해 온 농사의 패턴이 달라질 것이다. 비단 이런 일은 사과만이 아니다. 겨울 추위가 점차 사라지면서 제주도를 벗어나 남해안에서 귤이 재배되고 있다는 소식이 전해진 지 오래되었다. 물론 농산물 시장이 개방되면서 제주도의 귤 못지않게 타격을 받았다. 한때 귤 과수원이 확대되었던 고흥 지역에서는 최근 귤나무를 베어 내는 일이 벌어지고 있다. 또, 겨울 추위가 없으면 다음 여름 농사가 적지 않은 어려움을 겪을 수 있다. 추위로 병충해가 사라져야 하는데 그러지 못한 채로 여름을 맞이하기 때문이다. 겨울에는 역시 추위가 있어야 한다.

최근 조성된 사과 과수원 과거에는 사과의 주산지가 대구나 경산 등지였지만 이제는 겨울이 더 추운 지방이 새로운 사과 산지로 부상하고 있다. 늦서리 피해 방지 시설이 설치된 것이 기존 사과 과수원과 다르다(강원 영월, 2008. 9).

삼계탕과 김장의 지혜

요즘은 마음만 먹으면 언제라도 시기와 시간에 관계없이 닭을 먹을 수 있다. 그것도 다양한 방법으로 요리된 것이다. 요즘에야 어디 닭다리 한쪽으로 윗사람을 대접할 수 있을까? 어린 시절에 닭다리 한 쪽이 들어 있는 그릇을 들고 동네의 할아버지 댁을 찾았던 적이 일 년에 한 번씩 있었다. 일 년에 한 마리씩 닭을 잡았던 것이다. 나이를 조금 먹고 보니, 그날이 복날이었다. 돈이라도 좀 있는 집에서라면 복날이 세 번이니 일 년에 세 번 닭을 잡겠지만, 대부분은 그러하지 못하였다. 잘해야 일 년에 한 마리로 족했다. 격세지감을 느끼게 된다. 어쨌거나 요즘에도 복날이 되면 삼계탕을 찾는다. 다만 온 가족이 한 마리로 하던 것이 이제 식구마다 한 마리씩으로 바뀌었다.

일 년에 세 번 있는 복날은 모두 삼계탕과 같이 영양가가 높은 음식을 먹기에 적당한 날인 것 같다. 초복(7월 15일경)은 막바지 장마에 지쳐 있을 때이다. 이때 삼계탕을 먹고 원기를 회복할 필요가 있다. 그래야 그 후에 논과 콩밭에 앉아서 김을 맬 수 있었을 것이다. 중복(7월 25일경)도 장마가 끝날 무렵이라 이때쯤에 에너지를 보충하여 본격적으로 시작되는 무더위를 대비하였을 것이다. 말복(8월 14일경)에는 무더위가 막바지에 이르렀을 시기라 역시 에너지 보충이 필요하다.

삼복더위에는 삼계탕만 먹는 것이 아니다. 서양 사람들이 무어라 하든지 간에 복날이 되면 수많은 개들이 수난을 당한다. 복날의 보신탕집은 줄을 서도 한 그릇 먹기가 쉽지 않은 곳이 많다.

어린 시절, 여름 채소가 나오기 전까지의 반찬은 항상 한 가지였다. 마늘줄기를 어른 손가락만 한 크기로 잘라서 간장에 절인 것이다. 그것을 제주도 사람들은 '마농지시' 라 한다. 마농은 마늘이고 지시는 장아찌를 일컫는 말이다. 육지 사람들은 대부분 마늘종으로 장아찌를 담그지만 제주도 사람들은 마늘종이 나오기를 기다릴 여유가 없었던 것 같다. 봄이 되면 마농지시를 담그고, 별다른 반찬 없이 그것 한 가지만으로 한여름까지 이어 가기도 하였다. 시간이 흐르면 하얗게 핀 곰팡이 속에서 꺼내어 먹기도 하였지만 신기하게도 배탈은 나지 않았다. 식초라도 들어간 간장 장아찌를 기대하는 것은 큰 사치였다. 당시 아이들의 도시락 반찬은 기껏해야 마농지시 두세 개가 전부였다. 대부분 아이들은 그것이면 점심 반찬으로 충분하였다. 동네에서 부자 소리를 듣는 집의 아이여야 겨우 마른멸치 몇 개가 더 있는 정도였다.

소금이나 간장 혹은 고추장 등에 신선한 채소를 절여 먹는 것은 계절변화가 있는 지방이라면 모두 필요하였을 것이다. 서양 사람들이 먹는 피클도 그런 반찬의 일종이다. 요즘에는 고추장에 담가서 오래 묵은 것일수록 깊은 맛이 우러나는 좋은 장아찌라고 하고, 값도 더 비싸다. 장아찌 종류는 남쪽 지방의 것이 다양하고 맛이 좋다고 알려져 있다. 그중에서도 순창의 장아찌는 고추장과 더불어 조선시대부터 이름을 날렸다 한다. 순창군에서는 외곽에 고추장 마을을 조성하고 대대적으로 순창 고추장과 장아찌 홍보에 공을 들이고 있다. 그 영향으로 일찍이 고추장 마을로 알려졌던 읍내의 고추장 동네는 점차 명성을 잃어 가고 있는 듯하다.

장아찌하면 마늘장아찌가 전부라고 알고 자랐는데, 이제 보니 온갖 종류의 장아찌가 다 있다. 무, 고추, 더덕, 매실, 고들빼기, 감, 참외, 굴비 등 먹을 수 있는 것이라면 모두 그 대상이 되는 듯하다. 울릉도 사람들은 누구라도 산마늘장아찌를 그리워한다. 어렵게 살던 시절에 생명을 이어 준 것이라

새로 조성된 고추장 마을 순창군에서는 읍내 외곽에 고추장 마을을 조성하여 대대적으로 홍보하고 있다(전북 순창, 2008. 7).

하여 명이나물이라고 불리며, 간장에 절인 냄새가 육지 사람들에게는 꽤 지독하다.

젓갈도 여느 음식 못지않게 우리에게 중요한 음식의 하나이다. 심지어 김치를 담그려 해도 젓갈 없이는 제맛을 내기 어렵다. 그 사람의 고향이 어디든 냉장고를 뒤져 보면 몇 가지의 젓갈이 꼭 들어 있다. 그만큼 젓갈은 우리 식탁에 없어서는 안 되는 음식이다. 지방마다 주로 잡히는 생선이 다르므로 지역에 따라 젓갈의 종류가 다르며 그 수는 100여 가지가 넘는다. 서민들에게 대표적인 것은 역시 서해안의 새우젓과 남해안의 멸치젓, 동해안의 오징어젓을 꼽을 수 있다. 그 밖에도 창란젓, 명란젓, 조기젓, 조개젓, 갈치젓 등

강경의 새우젓 골목 금강을 따라서 새우잡이 배가 들어왔던 강경은 새우젓으로 이름이 높다. 읍내 곳곳이 새우젓 가게로 들어차 있다(충남 강경, 2008. 2).

일일이 이름을 열거하기 어려울 정도로 다양하다. 늦봄에 잡아 올린 생선류를 소금에 절여서 늦여름이나 가을부터 먹기 시작한다. 서해안이나 남해안의 포구가 발달한 곳에는 젓갈로 유명한 곳이 많다. 충청남도의 강경과 광천은 오늘날 바다에서 멀리 떨어져 있지만, 과거에 배가 들어오던 곳으로 젓갈 시장으로 이름이 높다.

젓갈은 한여름 무더위에 식욕을 잃은 사람의 입맛을 돌게 하는 반찬으로 최고이다. 고향에 갔다가 자리젓이라도 식탁에 오르면 과식을 하고 만다. 젓갈은 단순히 생선류를 저장해 두었다 먹는 것 이상의 의미를 지닌다. 여름철 무더위로 기력을 잃기 쉬울 때 젓갈 반찬은 식욕을 돋우어 주어 영양식이나 다름없다.

김장을 담그는 데 있어 새우젓은 거의 필수품이나 다름이 없다. 그중에는 6월에 잡은 새우로 만든 육젓을 최고로 친다. 살이 오를 만큼 올라 있고, 여름에 잘 삭혀졌기 때문이다. 충청남도 홍성의 광천을 답사할 때면 꼭 들르게 되는 곳이 새우젓 가게이다. 광천은 일제 강점기 때 금광으로 이름났던 동네이다. 오늘날에는 금을 캐던 굴을 새우젓 저장고로 사용하면서 다시 한번 유명해졌다. 아무리 짠 음식을 즐기지 않는 이라 하더라도 뽀얗게 살이 올라 있는 육젓을 보면 저절로 입에서 침이 흘러 한 마리라도 입에 넣지 않고는 빠져나올 수 없다. 학생들과 함께 들르면 항상 주인에게 미안한 마음이 든다. 모두 한 마리라도 먹겠다고 달려드는데, 그것을 말릴 수 없다.

토굴 새우젓 광천에는 일제 강점기에 금을 캐기 위하여 파 놓은 굴이 있다. 굴은 연중 온도가 일정하여 젓갈을 숙성시키는 데 적합하다. 광천의 토굴에서 새우젓이 익어 가고 있다(충남 홍성, 2002. 10).

제주도 사람들은 멸치젓과 자리젓을 좋아한다. 멸치젓도 역시 6월에 담그며 7월이면 맛을 보기 시작하여 한여름의 중요한 반찬이 된다. 통통하게 살이 붙어 있는 멸치젓은 한여름 들판에서 최고의 점심 반찬이었다. 제주도 사람들은 멸치젓을 콩잎에 싸 먹는다. 경상남도의 일부 지방에서는 한여름에 딴 콩잎을 간장이나 된장에 묻어 두었다 먹기도 한다. 그것도 일종의 장아찌이다. 육지 사람들은 돼지고기를 먹을 때 새우젓으로 간을 하지만, 제주도 사람들은 멸치젓을 사용한다. 제주도의 부속섬인 추자도는 멸치 액젓으로 유명한 곳이다. 멸치젓은 제주도뿐만 아니라 남해안과 가까운 곳에서는 어디서나 맛을 볼 수 있다. 자돔을 소금에 절여서 삭힌 것이 자리젓이다. 자리젓도 6월경에 담가서 가을바람이 불어 올 무렵 먹기 시작한다.

추자도 멸치 액젓 멸치젓의 고장이나 다름이 없는 추자도에는 골목마다 액젓을 담근 통이 즐비하다(제주 추자도, 2008. 4).

울릉도는 '오징어의 섬'이라 할 정도로 오징어가 유명하다. 어디서나 젓갈은 단백질 공급원으로 중요하였지만, 울릉도에서는 거의 연중 오징어가 그런 역할을 하였다. 10월이면 오징어젓을 담그기 시작하여 겨울 내내 먹는다. 봄이 되어 새로 잡히기 시작하는 오징어로 5월에 다시 젓을 담그고 여름을 넘긴다. 오징어젓은 울릉도뿐만 아니라 동해안을 따라서 남쪽의 경상도에서부터 북쪽의 함경도까지 이어진다.

추위를 이겨 내기 위한 음식으로는 역시 김치가 대표적이다. 요즘이야 먹고 싶을 때 언제든지 닭을 먹을 수 있듯이, 일 년 내내 김치도 먹을 수 있게 되었다. 그렇지만 김치를 연중 먹게 된 것은 그리 오래된 일이 아니다. 어린 시절에는 여름철 김치를 구경하기 어려웠다. 아마도 고랭지 배추가 재배되기 시작하면서 여름철에도 김치를 먹을 수 있게 된 것 같다. 오늘날에는 김치의 가치를 알기도 어렵게 되었다. 외국에나 나가 보아야 그것이 귀한 것을 깨닫게 될 정도이다. 그러나 30여 년 전만 하여도 한겨울 반찬으로는 김치가 전부이다시피 하였다.

김치는 지방마다 담그는 시기가 다르고 종류 또한 다양하다. 서울의 하숙집에서는 11월이면 김장 준비를 하느라 분주하였다. 아무리 늦어도 11월 중에 김장 김치 맛을 보았다. 그러고 나서 겨울 방학을 하고 서울에서 볼일을 어느 정도 마무리한 뒤 고향으로 내려가는데, 그곳에는 아직도 김장 소식이 없었다. 한 해가 거의 저물어 갈 무렵이 되어서야 김장을 담근다. 하숙집과 고향집 사이에 김장 시기가 거의 한 달이나 차이가 났다.

김장 시기는 기후의 영향을 받기 때문에 지역 간의 차이가 크다. 지역 간 기온 차이가 상대적으로 큰 겨울 기후가 김장 시기에 영향을 미치는 것이다.

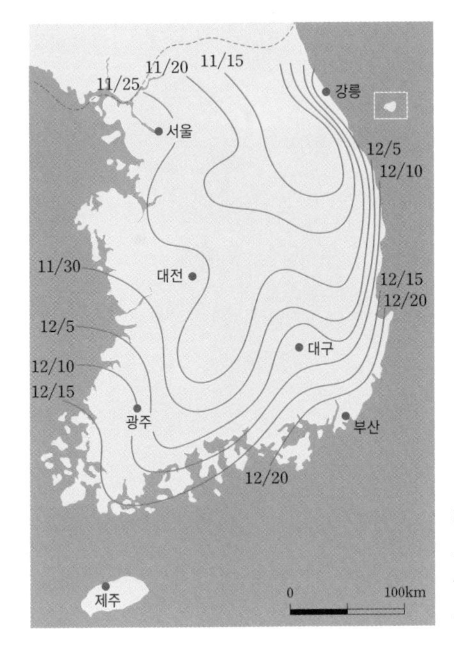

지역별 적절한 김장 시기(기상청, 2007) 김장 시기는 지역 차이가 커서 강원도 산간에서는 11월 중순이 적당하지만, 남해안은 그로부터 한 달 후가 적당하다.

11월이 되면 기상청에서는 김장을 담그기에 적당한 시기를 지역별로 발표한다. 김장을 담그는 시기는 일 최저 기온이 0℃ 이하로 계속되고 일평균기온이 4℃ 이하로 떨어질 때가 적기라 한다.

겨울 기온이 높을수록 김치가 빨리 익는다. 익는 속도를 더디게 하기 위해서 간을 짜게 하기도 하고, 더 자극적인 맛으로 양념을 하기도 한다. 그러므로 남쪽 지방으로 갈수록 김치 맛이 짜고 매워지는 것은 당연하다.

전라도 김치를 처음 접하였을 때는 쉽게 젓가락을 가까이하지 못하였다. 그간 주로 먹어 보았던 김치와 달랐다. 양념이 너무 많은 듯한 데다 뭔가가 달라 보였다. 전라도 김치는 간도 강하고 다양한 양념을 하는 것이 특징이다. 여러 해산물이 들어가고 고추를 많이 넣는다. 한번 그 김치에 맛을 들이면 다른 지방 김치를 먹기가 어려워질 수 있다.

같은 방에서 자취하던 후배가 고향 울산에서 김장 김치를 들고 왔을 때 역시 먹기 쉽지 않았다. 저녁을 위하여 김치를 자르려는데 난데없이 갈치 토막이 나오는 것이었다. 울산에서는 김장을 담글 때 생선 토막을 — 심지어는 통째로 — 넉넉하게 넣는다고 한다. 당시에는 어처구니없게 생각하였지만 이제는 그 맛이 자꾸 생각난다.

충청도로 시집 간 이모 댁의 김치는 얼마나 새우젓을 많이 넣었는지 도무지 먹을 수 없었다. 그러나 역시 두어 해를 같이 살다 보니 입이 그 맛에 점차 적응을 했다. 훗날 강원도 사람과 결혼해서 살려니 또 한번 새로운 김치에 적응하여야 했다. 당시 말은 못하였지만 이모 댁에서 먹던 김치와는 비교하기 어려울 정도였다. 강원도 영서지방의 김치는 서울보다도 젓갈이 덜 들어간 듯했다. 고향을 빼놓고는 서울 김치가 나에게는 가장 어울렸다. 간이나 고춧가루가 들어간 정도가 제주도 김치와 비슷한 것 같았다. 그 바람에 서울이 고향이셨던 지도교수님 댁을 방문할 때는 눈치가 보일 정도로 김치를 많이 먹어 치웠다. 정말 맛이 있었다.

평안도는 동치미로 유명하다. 동치미는 간을 약하게 하여 맛이 삼삼하고, 고춧가루를 거의 넣지 않는다. 적당하게 익은 동치미 국물은 마치 시원한 음료수라도 마시는 것 같다. 함경도는 생선이 흔하여 김치에도 해산물을 많이 넣고, 간을 심심하게 하면서 양념을 많이 넣어 자극적인 맛을 즐긴다.

겨울철에도 보양식이 있었다. 겨울이 시작될 무렵 어느 날이면, 어머니는 하루 종일 부엌을 나오지 못한다. 달콤한 냄새를 풍기면서 하루 종일 큰 솥을 젓고 있다. 어렵게 구한 꿩 한 마리를 솥에 넣고 거기에 엿기름 — 제주도 에서는 골이라고 한다 — 과 넉넉하게 물을 넣고 하루 종일 끓인다. 행여 귀한 꿩이 솥 바닥에 눌어붙을까 봐 어머니는 자리를 못 뜬다. 꿩을 못 구하였을 때는 닭이 아니라 까만 털이 보송보송한 돼지고기를 넣었던 것 같다. 아침부터 시작된 일이 저녁때쯤이 되서야 겨우 마무리된다. 그 큰 솥에서 끓인 것이 겨우 밥통 하나 양으로 졸아 있다. 바로 꿩엿이다.

꿩엿은 벽장 위에 있는 궤짝 위 깊숙한 곳에 숨겨 두고 겨우내 맛을 보았다. 장남이라 조금 더 먹을 수 있었던 것 같지만 그래 봐야 하루에 한 숟가락 정도였다. 그 덕을 보았는지 겨울이 지나도록 늘 건강하였다. 도시에서는 무엇으로 겨울을 났는지 모르겠지만 시골에서는 대부분 꿩엿과 같이 나름대로의 지혜를 가지고 있었다. 꿩엿이 다 떨어질 무렵이면 길고 길었던 겨울도 끝자락에 와 있었다.

무더위와 추위를 이기는 의복과 난방

우리 선조는 계절마다 때에 맞는 옷으로 갈아입으며 무더위와 추위를 이겨 냈다. 옛날에도 옷의 빈부 차가 있었던 것 같다. 아무리 추워도 서민들은 무명천 속에 솜을 넣어서 누빈 것이 전부였다. 여유가 있는 이들은 거기에 털이 달린 배자라도 입을 수 있었고, 좀 더하면 짐승 가죽으로 만든 옷도 걸칠 수 있었다. 무더위 속에서도 모시와 삼베로 빈부가 갈렸다. 모시든 삼베든 우리의 무더위를 이기기에는 제격이었다.

제주도 사람들이 여름철 무더위를 이겨 내는 방법은 독특하였다. 제주도 사람들은 삼베옷 대신 갈옷을 개발하였다. 여름철 감이 제 모습을 갖추면 그

제주도의 고유 의복 갈옷 갈옷은 아무리 땀이 차더라도 살에 달라붙지 않아서 고온다습한 제주도의 여름 기후에 제격이다.

것을 따서 절구질을 한다. 그때 나오는 감물로 광목천을 물들인다. 한여름의 뙤약볕에 말리면 불그스레한 색으로 변하는데, 그 천으로 옷을 만든 것이 갈옷이다. 오늘날에는 그것도 웰빙의 하나이고 패션인 듯하다. 갈옷은 과거의 제주도 사람들에게 없어서는 안 될 필수품의 하나였다. 아무리 땀이 차더라도 살갗에 달라붙지 않는다. 고온다습한 제주도의 여름 기후에 제격이었다.

기후변화를 이야기할 때마다 요즘이 옛날에 비하여 춥지 않다고 한다. 1960년대와 1970년대는 오늘날보다 훨씬 추웠다고 한다. 이런 이야기를 할 때면 '정말 그렇게 추웠던가' 하고 반문하게 된다. 당시를 회상해 보면 분명 추웠던 기억이 있다. 그러나 한편으로는 '마음이 더 추운 것은 아니었을까?' 하는 생각이 든다. 요즘이야 그렇게 먼 거리를 누가 걷기나 하는가. 그렇게 추운 날 누가 그 무렵의 옷차림을 하고 거리에 나서기나 하는가. 시골에서는 매일 왕복 6km를 걸어 학교에 다녔다. 요즘은 그 길에 수시로 버스가 다니기도 하고 지나는 자동차를 얻어 타고 갈 수도 있으니 웬만해서는 걸어서 갈 일이 없다. 그 당시에는 부자이건 가난한 사람이건 별 도리 없이 걸어야 했다. 차가 없었다. 그저 허허벌판일 뿐이었다. 그런 벌판을 훑으며 불어오는 겨울바람은 분명 지금보다 더 춥게 느껴졌을 것이다.

내로라하는 유명 상표의 외투를 처음 입어 본 것이 1980년대 중반이었다. 오리털이 들어 있는 외투는 결혼하고 난 뒤에나 입을 수 있었다. 그러나 그 춥던 시절에는 어느 누구도 오리털이 들어 있는 옷을 입을 수 없었다. 부자와 빈자에 관계없이 그런 옷을 구하기 힘들었다. 내복과 셔츠 하나를 입고 그 위에 나일론 속에 얇은 스펀지를 넣고 누빈 잠바가 전부이던 시절이다. 지금도 그런 차림으로 허허벌판을 걸으면 당연히 춥지 않을까? 요즘에는 길거리의 노점상에서도 두툼하고 따뜻하게 보이는 외투를 판다.

오늘날에야 옷을 가지고 지역을 판단하는 것이 거의 불가능할 정도로 지역 차이가 줄었지만, 처음 제주도를 벗어날 때만 해도 어떤 옷을 입고 서울에 가야 하는지가 가장 염려스러웠다. 좀처럼 영하의 기온으로 내려가지 않았던 제주도에서만 어린 시절을 보냈기 때문에 처음 서울이란 곳으로 향할 때 여러 가지를 고려해야 했다. 그중에도 무엇을 입고 가야 하는가는 대단히 중요한 문제였다. 당시 뉴스에서 서울은 겨울철의 웬만한 날은 영하라는데, 과연 '영하'라는 것이 얼마나 추운 것인가 짐작이 되지 않았다. 막연하게 '무척 춥겠구나' 하는 정도였다. 제주도에서는 영상의 날씨인데도 꽤 춥다고 느껴지는데, 매일 영하인 곳은 얼마나 추울까 걱정하였다.

별 대안이 없었던 나는 고향에서 입던 옷 중 가장 두꺼운 것을 골라 입고 육지로 가는 배를 탔다. 부산에서 고속버스로 갈아타고 늦은 밤 서울에 도착하였다. 참으로 신기하였다. 버스의 창문에 성에가 끼더니 그것이 두껍게 얼어붙는 것이었다. 고향에서는 도무지 경험할 수 없었던 일이다. 역시 서울은 추운 곳이구나 하는 것을 버스의 창문이 촌놈에게 보여 주는 것 같았다. 그 무렵은 세계적으로도 한파에 에워싸여져 있던 시절이었다. 긴 시간 길을 걷기가 어려웠다. 여러 겹의 옷을 입고 있었지만, 정류장에 서 있으면 마치 발가락이 얼어붙는 듯하였다. 당시 안내자는 서울의 이곳저곳을 다 보여 주려고 애를 썼지만, 추워서 집에나 얼른 들어가자고 조르기 일쑤였다.

그러나 막상 집으로 들어가도 힘들기는 마찬가지였다. 방 안이 더워서 숨쉬기조차 어려웠다. 서울 사람들은 추위를 이겨 내기 위해서 온갖 문과 틈을 비닐로 둘러쌌다. 그뿐이 아니라 방바닥은 뜨거워 앉기도 어려웠고, 심지어 마루에도 연탄 난로를 때고 있었다. 난방이라는 것을 처음 접했기에 아주 숨이 막힐 지경이었다. 바람만 막으면 추위를 견딜 만하였던 제주도에서는 기껏해야 굴묵이나 때고, 방 가운데에 화롯불 정도를 두는 것이 난방의 전부였다.

오늘날에는 도시든 시골이든 어디서든지 보일러로 난방을 하고 있지만, 온돌은 한겨울의 추위를 이겨 내기 위한 중요한 시설의 하나였다. 온돌은 우리나라에만 있는 특이한 난방 시설이다. 방바닥에 구들돌을 깔고 그 밑으로 연기가 지나는 통로를 만들어서 부엌의 아궁이에서 때는 불의 열기가 지나가면서 방을 데우도록 하는 것이다. 온돌이 우리나라에만 있는 것은 겨울철에 추운 대륙성 기후와 여름철에 습한 해양성 기후가 나타나기 때문인 것 같다. 온돌은 추위를 극복하는 데 도움을 줄 뿐만 아니라, 여름철의 눅눅한 습기를 제거하는 데도 유용하였다. 또한 연기는 방 안의 해충을 내쫓는 데에도 적지 않은 도움이 되었다.

요즘 도시에서는 보온을 위해서 단열재를 사용할 뿐만 아니라, 이중창을 하는 등 난방 시설이 잘 되어 있다. 그렇지만 시골을 다니다 보면 아직도 과거를 연상하게 하는 시설이 쉽게 눈에 띈다. 특히 산간 지역으로 가면 더욱 그렇다. 오늘날에도 산간 마을에서는 가옥의 벽을 잘 다듬어진 장작으로 둘러쌓아야 훈훈한 겨울을 보낼 수 있는 경우가 많다. 지나는 나그네는 그 장

겨울철 농촌의 모습 추운 겨울이면 따뜻한 방에 동네 어른들이 모여서 다양한 소일거리를 즐긴다(강원 양양, 2008. 1).

작만 보고도 집 안의 온기를 느낀다. 겨울철 산간 마을에 들어서면 장작 타는 향기가 그윽하게 퍼지고, 여느 집의 부엌을 들어서 보면 아궁이에서 활활 타오르는 장작불을 쉽게 볼 수 있다. 아이들이 있으면 그런 불 속에 고구마라도 넣어서 구워먹을 것이다. 그 불을 때고 있는 방에서 동네 어른들이 모여 여러 가지 소일거리를 즐기는 모습도 이젠 사라져 가는 한겨울 풍경일지 모른다.

한국의 기후&문화 산책

초판 1쇄 발행 2009년 3월 12일
초판 4쇄 발행 2014년 7월 28일

지은이 이승호

펴낸이 김선기 | **펴낸곳** 주식회사 푸른길
출판등록 1996년 4월 12일 제16-1292호
주소 (152-847) 서울시 구로구 디지털로 33길 48 대륭포스트타워 7차 1008호
전화 02-523-2907, 6942-9570~2 | **팩스** 02-523-2951
이메일 purungilbook@naver.com
홈페이지 www.purungil.co.kr

ISBN 978-89-6291-106-0 03980